植物学实验实习指导

李志军　主编

中国农业大学出版社
·北京·

内容简介

本教材是根据高等农林院校植物学教学大纲的基本要求和现行农林院校各专业使用的植物学教材知识体系编写的。内容包括植物形态解剖、植物系统分类和植物学课程野外实习三部分。植物形态解剖部分主要介绍显微镜的使用和植物细胞的基本显微结构，各类组织和根、茎、叶、花、果实、种子的解剖结构特征；植物系统分类部分主要介绍被子植物形态学术语、植物检索表的编制、被子植物分科（重点介绍新疆地区常见的19科）；植物学课程野外实习部分重点介绍植物标本信息（记录信息和图片信息）的获取、植物标本野外采集整理和制作以及植物标本鉴定的方法。

本教材作为植物学实验教学和实践教学的参考书，注重突出学生实践动手能力和创新思维能力的培养。教材适用于70学时植物学课程及实验和实习的安排，可作为高等农林院校学习植物学的学生和教师使用，也可供中学生物教师及其他生物学科的工作人员参考。

图书在版编目(CIP)数据

植物学实验实习指导/李志军主编.—北京：中国农业大学出版社，2014.2（2018.7重印）

ISBN 978-7-5655-0903-2

Ⅰ.①植…　Ⅱ.①李…　Ⅲ.①植物学-实验　Ⅳ.①Q94-33

中国版本图书馆CIP数据核字(2014)第032516号

书　名　植物学实验实习指导
作　者　李志军　主编

策划编辑　潘晓丽　　**责任编辑**　韩元凤
封面设计　郑　川　　**责任校对**　王晓凤　陈　莹
出版发行　中国农业大学出版社
社　址　北京市海淀区圆明园西路2号　　**邮政编码**　100193
电　话　发行部 010-62818525，8625　　读者服务部 010-62732336
编辑部 010-62732617，2618　　出　版　部 010-62733440
网　址　http://www.cau.edu.cn/caup　　**e-mail** cbsszs @ cau.edu.cn
经　销　新华书店
印　刷　北京鑫丰华彩印有限公司
版　次　2014年3月第1版　　2018年7月第2次印刷
规　格　787×980　16开本　9印张　160千字
定　价　24.00元

主　编　李志军

参　编　（按参编内容先后排序）

黄文娟　刘艳萍　邱爱军　杨赵平　张　玲

前　　言

植物学是生物学领域中发展时间较长的一门分支学科，也是高等学校植物生产类、生物类各专业本科生必修的重要专业基础课。通过植物学课程的学习，不仅为学习有关后续课程和掌握专业知识打下坚实基础，而且还为将来创造性地学习运用现代农业和生物科学创造条件，对于培养学生分析问题和解决问题的能力，发展创新思维及提高综合素质具有重要作用。

本教材是根据高等农林院校植物学教学大纲的基本要求，在参编全国高等学校农林规划教材《植物学》的基础上，以修订两版的原《植物学实验指导》和《植物学实习指导》辅助教材为基础，调整、修改和增加了部分新内容编写而成的。其知识体系符合现行农林院校各专业使用的植物学教材知识体系，编写中，力求内容精炼、难度适中，注重理论联系实际以及体现学科的先进性。本书可供农学、园艺、园林、植物保护、农业资源与环境、生物科学、动植物检疫等专业植物学课程教学使用。根据植物学课程大纲的要求，本书内容涵盖植物形态解剖、植物系统分类和植物学课程野外实习三部分。在植物形态解剖部分，每个实验项目附有插图，以便帮助学生观察检验；在植物系统分类部分，以新疆地区植物主要科属中的常见代表植物为例，并附有主要植物花的解剖图。本书物种中文名和拉丁名均以中国植物志为准。本教材的显著特色是首次将准确、完整地获取植物标本信息（记录信息和图片信息）的相关知识和方法纳入植物学课程实习的教学内容中，力求做到图文并茂，体现知识体系的科学性、先进性和实用性。

本书编写分工如下：第一部分植物形态解剖由黄文娟和刘艳萍编写；第二部分植物系统分类由邱爱军、杨赵平编写；第三部分植物学课程野外实习及附录部分由张玲编写。全书由李志军负责统稿、修改、补充和定稿。

在本教材的编写过程中，塔里木大学教务部门的领导对本书的编写和出版给予了大力支持，在此表示衷心的感谢！

希望本书能较好地满足学生学习和教师教学的需要，但由于编者水平有限，书中难免会存在错误和不妥之处，敬请广大读者批评指正。

编　者

2014 年 1 月

目　录

第一部分　植物形态解剖

实验课须知

一、实验教学目的及意义

1. 验证理论知识，把课堂教学中讲授的理论知识应用到对实际材料的观察，并加深和巩固所学的理论知识，引导和启发学生的学习兴趣。

2. 掌握有关植物学实验和研究的基本技能，培养独立操作的实践能力和创新能力。

3. 培养严肃认真的科学态度与实事求是的工作作风。

二、实验室规则

1. 学生应按时进入实验室，不迟到，不早退，实验时保持安静。

2. 按号使用显微镜和解剖镜；使用前要检查，使用后要擦拭整理，妥善保护，如发现损坏或发生故障要及时报告指导教师，损坏物品时应主动向教师报告，并及时登记；严禁用镊子、解剖针和小刀在桌上刻画。

3. 爱护仪器和标本，节约药品和水电。

4. 室内严禁吸烟，小心使用酒精灯和电炉，注意安全。

5. 要保持实验室的整洁，不准随地吐痰和乱抛纸屑、杂物。实验课结束后，由上课的学生分组轮流打扫实验室，并负责关闭实验室水、电、灯、门、窗等。

三、实验课进行的方式及对学生的要求

1. 实验课前学生须预习“实验指导”的有关部分，了解实验的基本内容，并把个人需要准备的笔、实验报告本等物品带到实验室。

2. 学生须提前 5 min 进入实验室，做好实验前的准备工作。

3. 教师须在上课时明确当天实验课的基本要求，并讲解实验操作中的重点和难点。实验时，学生根据实验指导个人独立进行，按要求认真操作，仔细观察，分析比较，记录和绘图。遇有困难时，应积极思考，分析原因，自己排除障碍，在解决不了困难的情况下请指导教师给予指导。

4. 实验结果除以绘图的方式表达外，还要及时准确地用文字或图表记载在记录本上，并按时提交实验报告。实验报告的书写要求简明扼要，条理清楚，不得抄

书本或他人之绘图。

5. 学生上课期间须严格遵守实验室规则。

实验一　植物细胞(一)

一、目的与要求

1. 了解显微镜的构造,熟记组成部分的名称与功能。

2. 掌握显微镜的使用和保护方法。

3. 掌握光学显微镜下植物细胞的基本结构。

4. 学会临时装片的制作技能,掌握绘制植物细胞图的基本技术。

二、仪器与药品

显微镜、刀片、解剖针、镊子、载玻片、盖玻片、纱布、吸水纸、蒸馏水、碘液、盐水。

三、实验材料

洋葱、番茄、辣椒、柿胚乳细胞切片。

四、内容与方法

(一) 显微镜的构造

学生使用的复式显微镜多为单筒镜,示范观察使用的常为双筒镜,这两种显微镜虽然繁简不同,但基本构造都包括两大部分,即保证成像的光学系统和用以装置光学系统的机械部分(图 1-1)。

1. 机械部分

(1)镜座:显微镜的基座,用以支持镜体全部,使显微镜放置稳固。

(2)镜柱:镜座上面直立的短柱,支持镜体上部的各部分。

(3)镜臂:弯曲如臂,下连镜柱,上接镜筒,为手握镜体的部位。

(4)倾斜关节:为镜柱与镜臂连接处的关节,可使镜体在一定范围内后倾(角度不超过 45°)。观察流体时,不得使之倾斜。

(5)镜筒:为显微镜上部圆形中空的长筒。标准长度一般为 160 mm(有的是 170 mm),其上端插入目镜,下端接物镜转换器。镜筒的作用是保护成像的光路与亮度。

(6)物镜转换器:为接于镜筒下端的圆盘,可自由转动,盘上有 3～4 个螺旋圆孔,为安装物镜的部位。当旋转转换器时,物镜即可固定在使用的位置上,保证物镜与目镜的光线合轴。

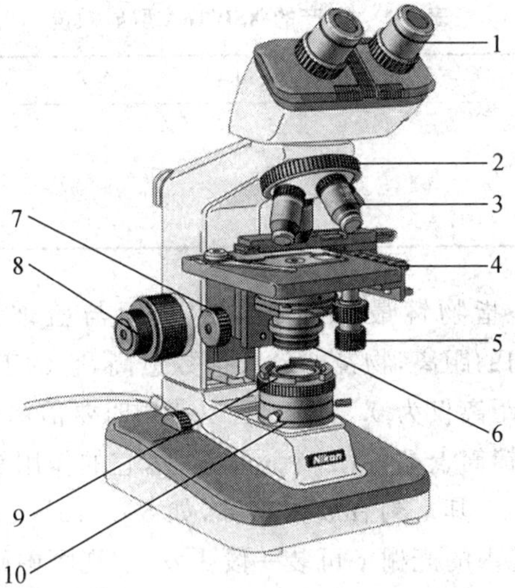

图 1-1　双目复式显微镜的构造

1. 目镜　2. 物镜转换器　3. 物镜　4. 载物台　5. 载物台旋钮
6. 聚光器　7. 聚光器调节螺旋　8. 调焦装置
9. 光源　10. 视场光阑

(7)调焦螺旋:位于镜筒的两旁,旋转时可使镜筒上下移动,用以调整焦距,向内旋转可使镜筒上升,向外旋转则可使镜筒下降。调焦螺旋分为粗调焦螺旋和细调焦螺旋。粗调焦螺旋用于较大幅度的升降镜筒,以调节物镜与标本之间的距离,获得合适的焦距,而得到清晰的物像,每旋转一周可使镜筒上升或下降 10 mm;细调焦螺旋,可以更精细地调节焦距,每旋转一周可使镜筒上升或下降 0.1 mm。使用时,一般旋转不可超过一周,若遇到向前方(或后方)不能旋转时,可向相反方向转动数圈,然后用粗调调整后,再使用细调。

由于型号不同,显微镜的调焦常有不同的方式,较新型的镜筒固定不动,而借助调焦螺旋,使载物台上下升降。

2. 光学部分

由成像系统和照明系统组成。成像系统包括物镜和目镜,照明系统包括反光镜和聚光镜。

(1)物镜:是决定显微镜质量的最重要部件,安装在镜筒下端的物镜转换器上,一般有 3 个或 4 个放大倍数不同的物镜,即低倍、高倍和油浸物镜,镜检时可以根据需要择一使用,物镜可将被检物体做第一次放大,一般都刻有放大倍数和数值孔径(NA),即镜中率,国产的 XSP-16A 型显微镜有 3 种,见表 1-1。

表 1-1　国产的 XSP-16A 型显微镜

物镜倍数	数值孔径(NA)	工作距离/mm
10×	0.25	7.63
40×	0.65	0.53
100×	1.25	0.198

所谓工作距离是指物镜最下面透镜的表面与盖玻片(其厚度为 0.17～0.18 mm)上表面之间的距离，物镜的放大倍数愈高，它的工作距离愈短(表 1-1)，一般油浸物镜的工作距离仅为 0.2 mm，所以使用时要倍加注意。

(2)目镜：安装在镜筒上端，由 2 个透镜组成，它的作用是将物镜所成的像进一步放大，使之便于观察。其上刻有放大倍数，如 5×、10×、12.5×等，可根据当时的需要选择使用，目镜内的光栅下可装一段头发，在视野中则为一黑线，叫"指针"，可以用它指示所要观察的标本部位。

(3)反光镜：是个圆形的两面镜，一面是平面镜，能反光，在强光时使用；另一面是凹面镜，还兼有反光和汇集光线的作用，易于光线弱或有障碍物时使用。反光镜具有能转动的关节，可作各种方向的翻转，面向光源，改变光线的方向，使光线射向聚光器。

(4)聚光器：装在载物台下，由聚光镜(几个凸透镜)和虹彩光圈(可变光栅)等组成。它可将平行光线汇集成束，集中在一点，以增强对被检物体的照明。聚光器可以上下调节，如使用高倍镜时，视野范围小，则需上升聚光器；用低倍镜时，视野范围大，可下降聚光器。

(5)虹彩光圈：装在聚光器内，位于载物台下方，有一个操纵杆连着光圈，推动操纵杆，可以使光圈扩大或缩小，以调节通光量。虹彩光圈下面还有一个金属圈，必要时，可以将蓝色或黄色等滤光玻片放于其中，以改变日光或人工光源的色调和强弱，一般不使用。

(二)使用显微镜的主要步骤和方法

显微镜的使用主要包括两个方面：一是光度的调节，二是焦距的调节。使用步骤如下：

1. 取镜与放置

取镜时应右手紧握镜臂，左手托住镜座保持平稳状态，不可歪斜，禁止用单手提着镜子走，以防目镜从镜筒中滑出。放置桌上时动作要轻，一般应放在座位的左侧，镜臂对着胸前，镜体距桌边 5～6 cm，以便观察和防止镜体掉落。

2. 对光

一般情况下可用窗外的散射阳光作光源(避免直射阳光,否则影响物像的清晰度),如光线太弱可用日光灯作光源。对光时,先把低倍物镜转到中央,对准载物台上的通光孔,然后用左眼或双目向下注视,用手转动反光镜,使镜面向着光源(光弱时可用凹面镜),当光线从反光镜表面向上反射入镜筒时,在镜筒内就可以看到一个圆形的、明亮的视野,此时,再利用聚光器或虹彩光圈调节光的强度,使视野内的光线既均匀、明亮又不刺眼。在对光过程中,要体会反光镜、聚光镜和虹彩光圈在调节光线中的不同作用。

3. 低倍物镜的使用

观察任何标本,都必须先用低倍物镜,因为低倍物镜的视野范围大,容易发现目标和确定要观察的部位。

首先放置标本。将镜筒升高,把玻片标本放在载物台中央,使材料正对通光孔的中心,然后用压片夹压住载玻片的两端。

其次调整焦距。两眼从侧面注视物镜,并慢慢按顺时针方向转动粗调焦螺旋,使镜筒徐徐下降至物镜离玻片约 5 mm 处,接着用左眼或双目注视镜筒内,同时按逆时针方向,向后、向内转动粗调焦螺旋使镜筒缓慢上升直到看见清晰的物像为止(注意不可在调节焦点时边观察边下降镜筒,否则会使物镜和玻片触碰,压碎玻片,损伤物镜)。如一次调节看不到物像,应重新检查材料是否放在光轴线上,重新移正材料,再重复上述操作过程直至出现清晰的物像为止。为了使物像更加清晰,此时可使用细调焦螺旋,轻轻转动到使物像最清楚时为止,但切忌连续转动多圈,以免损伤仪器的精确度,使用细调焦螺旋向上或向下无法转动时,千万不能硬拧,应重新调节粗调焦螺旋。

最后进行低倍镜的观察。找到物像后,还可根据材料的厚薄、颜色、成像的反差强度是否合适等进行调节,如果视野太亮,可降低聚光器或缩小虹彩光圈,反之则升高聚光器或开大光圈。

4. 高倍物镜的使用

高倍物镜在观察较小的物体或细微结构时使用。首先选好目标,由于高倍物镜只能把低倍镜视野中心的一小部分加以放大,因此,使用前,应先在低倍镜中选好目标,将其移至视野的中央,转动物镜转换器,把低倍物镜移开,小心换上高倍物镜,并使之合轴,因高倍镜的工作距离很短,操作时要十分仔细,以防镜头碰击玻片。其次要调正焦点,在正常情况下,当高倍镜转正之后,在视野中即可见到模糊的物像,只要略微调动细调焦螺旋,就可获得最清晰的物像,在使用高倍物镜观察时,视野变小变暗,所以要重新调节视野的亮度,此时可升高聚光器或放大虹彩光圈。

5．显微镜使用后的整理

观察结束后，应将镜筒升高，再取下玻片（取下时要注意勿使玻片触及镜头），取下玻片后，转动物镜转换器，使物镜镜头与通光孔错开，再下降镜筒，使两个物镜位于载物台上通光孔的两侧，并将反光镜还原或与桌面垂直，擦净镜体，罩上防尘罩，仍用右手握住镜臂，左手平托底座，按号收回镜箱内。

6．显微镜的保存及使用注意事项

(1)显微镜是精密仪器，使用时一定要严格地按显微镜的正确使用方法进行操作。

(2)要随时保持显微镜的清洁。显微镜机械部分如有灰尘污垢，可用小毛巾擦拭；光学部分如有灰尘污垢，必须先用镜毛刷拂去或用吹风球吹，再用擦镜纸轻擦或用脱脂棉蘸少许酒精和乙醚的混合液，由透镜的中心向外进行轻拭，切忌用手指及纱布等擦抹。显微镜不用时用塑料罩罩好并及时收回镜箱。

(3)用显微镜观察时，必须睁开双眼，切勿紧闭一眼。应反复训练自己用左眼窥镜，右眼作图。

(4)标本必须加盖盖玻片，制作带水或药液的玻片标本时，必须两面擦干，再放到载物台上观察，并且不可使用倾斜关节，以免水液流出污染镜体。

(5)如遇机件不灵、使用困难时，千万不可用力转动，更不可任意拆修，应立即报告指导教师。

(6)注意防潮，干燥保存。

(三)临时装片的制作

(1)取清洁的载玻片，于中央滴碘液一滴。

(2)用镊子撕取洋葱鳞叶的内表皮，3～5 mm^2，迅速放在载玻片的碘液里。

(3)用镊子夹取盖玻片，先以盖片的一侧边缘与材料左边碘液的边缘相接触，然后慢慢落下，直到放平（以免存留气泡影响观察），同时用吸水纸吸去盖玻片周围多余的碘液。此时，临时装片制作完成。

(四)植物细胞的基本结构

把制好的洋葱鳞叶内表皮临时装片放置在显微镜载物台上，按显微镜使用方法操作观察。洋葱鳞叶内表皮由一层细胞组成，在低倍镜下观察到的是洋葱鳞叶内表皮的正面观，其组成细胞形状为长方形或多边形。每个细胞可观察到下列各部分（图 1-2）。

(1)细胞壁：细胞的最外一层结构，包被在细胞原生质体的外面，为植物细胞所特有。

(2)细胞质：为原生质体膜（与细胞壁紧密结合在一起，在光学显微镜下观察不到)以内、细胞核以外的原生质,无色透明、半流动的胶体。内含有许多细小的颗粒。成熟细胞中,因液泡占据中央位置,细胞质被挤压紧贴原生质体膜成为一薄层围绕着液泡,液泡是细胞质内较透明的部分。

(3)细胞核:近似圆球形,沉浸在细胞质内,由更为浓稠的原生质所组成。在成熟细胞中,由于中央大液泡的形成,细胞核总是位于细胞的边缘。在显微镜下,可以观察到细胞核的 3 个组成部分,核膜、核质和核仁,在细胞核中可以看到 1～2 颗色深发亮的核仁。

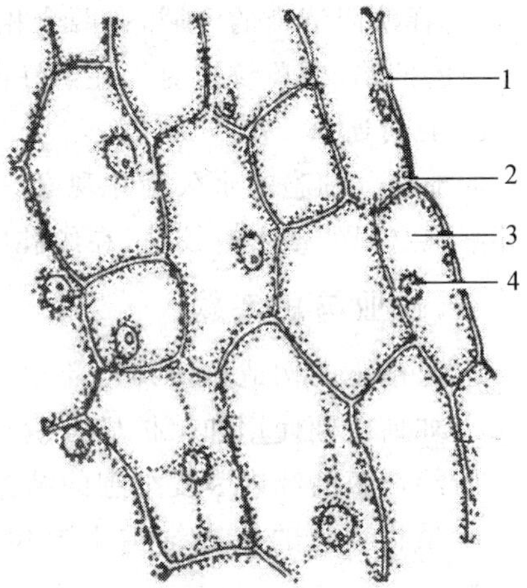

图 1-2　洋葱鳞片叶内表皮细胞结构

(引自高瑞馨等《植物学实验》,2005)

1. 细胞壁　2. 细胞质　3. 液泡　4. 细胞核

如果在撕取表皮时扯破了细胞,核与质均外流就看不到细胞核了。有时取材靠外或材料不新鲜,原生质体已解体,也找不到细胞核。

(4)细胞膜:将观察过的上述装片,揭开盖玻片用吸水纸吸去水分,另加盐液一滴重新盖好,10 min 后再观察,可见细胞质与细胞壁分离的现象,这现象表明细胞质外覆有一层薄膜,就是细胞膜。

(五)观察果肉离散细胞的结构

用解剖针挑取已经红熟的番茄果肉(或熟西瓜果肉等)少许(以临近果皮的部分为好),把它们放在载玻片上的一滴清水中,用解剖针将果肉细胞拨匀,分散得越开越好,盖上盖玻片,在低倍镜下观察,可以看到许多圆形的或卵圆形的离散细胞。由于成熟果肉细胞之间的胞间层已经自然溶解,故可以清楚地看到每个细胞的细胞壁。在果肉离散的细胞中可观察到细胞质、细胞核和很大的液泡,此外在细胞质中还可以见到橙红包的圆形小颗粒,是有色体。若果肉已过熟,有色体常为不规则的色素结晶,分散存在于细胞质中。

当轻轻地敲动盖玻片时,可见到离散的果肉细胞在显微镜里滚动,因而能把它们的各个立体面观察清楚。

(六)纹孔和胞间连丝的观察

纹孔和胞间连丝是植物细胞壁上的特殊结构,是相邻细胞之间物质和信息传递的通道,使植物的各种细胞之间彼此连接、相互沟通而成为统一的整体。

1. 单纹孔

撕取辣椒果实的表皮一块,并从果肉一侧用双面刀片刮去果肉细胞制成装片观察，选择薄而清晰的区域，在两个相邻的细胞壁上寻找念珠状的部位，其上有许多相对的凹陷，即单纹孔对。注意在凹陷处有胞间连丝沟通了两个相邻细胞。

2. 胞间连丝

取柿胚乳细胞的永久制片观察，可见到增厚的细胞壁和很小的细胞腔，在两个相邻细胞之间的壁上有纹孔，在纹孔中有贯通两细胞的原生质丝，即胞间连丝。

五、作业与思考题

1. 显微镜的构造包括哪几部分？
2. 如何正确使用和保护显微镜？
3. 绘洋葱鳞叶内表皮细胞的结构详图，并注明各部分结构的名称。
4. 植物细胞的显微结构主要包括哪几部分？它们的主要功能及相互关系如何？

实验二　植物细胞(二)

一、目的与要求

1. 了解细胞质体的存在部位、形态特征及生理功能。
2. 观察各种内含物的基本构造。

二、仪器与药品

显微镜、载玻片、盖玻片、刀片、镊子、蒸馏水、碘液、擦镜纸。

三、实验材料

大豆叶、蚕豆叶、辣椒、胡萝卜、洋葱、马铃薯、棉花茎。

四、内容与方法

(一)质体的类型

质体是植物细胞特有的结构，根据所含色素的不同，质体分为叶绿体、有色体、白色体。

1. 叶绿体

是以含叶绿素为主的绿色质体，能进行光合作用，主要存在于植物体绿色部分的细胞内，尤其在叶片叶肉细胞中居多。

(1)取大豆叶作徒手切片，选出适当的薄片，置于载玻片上，加水一滴，盖上盖玻片。先在低倍镜下观察，可见叶肉细胞内有椭圆形绿色小粒，即叶绿体，然后再换高倍镜详细观察。

(2)撕取蚕豆叶下表皮制成临时装片,置于镜下观察,可见许多不规则的细胞,在细胞之间有两个肾形保卫细胞围合成气孔器,裂生胞间隙为气孔,保卫细胞内有绿色颗粒即为叶绿体。

(3)取任何植物的叶子,撕去叶片背面的表皮,露出的绿色部分即为叶肉细胞。取少许置于载玻片中央,用镊子柄将其捣碎,滴水,加盖玻片,置低倍镜下观察可见叶肉细胞有许多绿色颗粒,即为叶绿体,换高倍镜观察其形状。

2. 有色体

是含有大量类胡萝卜素的质体,常存在于成熟的果肉细胞中或黄红色的花瓣以及胡萝卜根中。

取胡萝卜根或辣椒果实,选择颜色较深的部位切成小块,用徒手切片,也可用解剖针挑取靠近果皮下面的果肉,制作临时装片,果肉细胞近圆形,有薄的细胞壁。在细胞中可以看到不定型的颗粒,即有色体。

3. 白色体

是不含色素的最小的一类质体,多存在于植物的幼嫩组织中或不见光的部分。有些植物的叶表皮细胞中亦有,但其个体微小,须换高倍物镜并缩小光圈使视野变暗后才能顺利观察,如白色体分散在细胞质中或聚集在细胞核的周围。

(二)细胞的内含物

1. 淀粉粒

取切开的马铃薯块茎,用涂抹法制片置于显微镜下观察,可见卵圆形或椭圆形发亮的颗粒,大小不等且有偏心轮纹的结构即为淀粉粒。再用高倍镜观察,可见在淀粉粒一端的透明小颗粒称为脐,淀粉粒开始在这里形成,以后围绕这个核心而成层扩大,故在淀粉粒上可看到许多同心轮纹,移动玻片寻找单粒、复粒、半复粒淀粉(图 1-3A、B)。

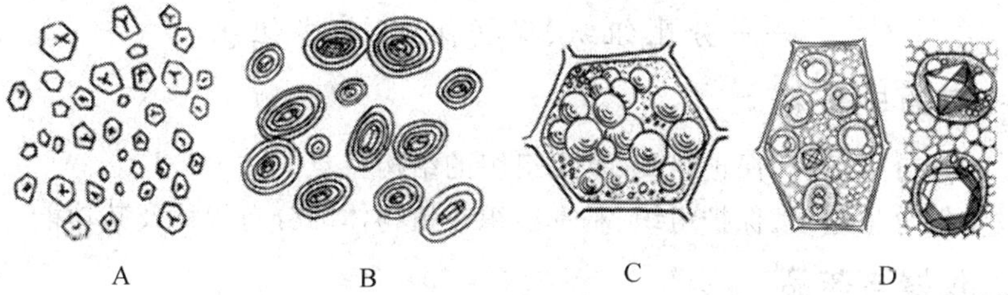

图 1-3　细胞后含物

(引自贺学礼《植物学》,2004)

A,B. 淀粉粒　C. 造油体　D. 含晶细胞用碘液染色，看有什么反应，这就是淀粉的鉴别方法。

2. 晶体

是植物细胞中常见的代谢产物，从化学成分看主要有草酸钙结晶和碳酸钙结晶两类。草酸钙结晶普遍存在于植物的表皮、皮层、髓和韧皮薄壁细胞中，有砂粒状、方形、柱状和针状等单晶，也可聚集成晶簇(图 1-3D)。

(1)取洋葱鳞叶(老的)浸于含有 30%甘油水中，约 20 min，用撕片法制作临时装片于显微镜下观察，可见一整齐长条形或十字形透明的单晶体。

(2)取夹竹桃横切制片，可见有些细胞中具有透亮放射形花朵状的簇晶体。

3. 花青素

植物细胞的代谢产物之一，是一种色素，通常溶解在细胞液中，对 pH 十分敏感。它在酸性条件下呈红色，在碱性条件下呈蓝色，能使植物茎、叶和花果呈现红色、紫色和蓝色。

可撕取红苋菜、鸡冠花、棉花等红色茎、叶的表皮细胞，也可取红色或蓝紫色的花瓣进行观察，如有紫色的洋葱鳞茎，则更为方便，易于取材。

观察时应注意，花青素溶解在细胞液中，因此没有一定的形状，而是充满整个液泡，呈均匀分布的溶解状态，与有色体的颗粒结构或结晶状态不同。

五、作业与思考题

1. 连同细胞一起绘各种质体，并注明各部分名称。

2.“花红柳绿”、“万紫千红”、“霜叶红于二月花”等成语或诗句，从细胞学角度看是怎么回事？

3. 有色体与花青素有什么不同？

实验三　植物组织(一)

——分生组织、保护组织、基本组织

一、目的与要求

1. 观察分生组织、保护组织、基本组织的结构特点。

2. 掌握分生组织、保护组织、基本组织在植物体的分布规律及其功能。

二、仪器与药品

显微镜、蒸馏水、苏丹Ⅲ、碘液、纱布、载玻片、盖玻片、镊子、刀片。

三、实验材料

洋葱根尖纵切片，向日葵茎横切片，马铃薯块茎，蚕豆、小麦或玉米叶下表皮装片。

四、内容与方法

(一)分生组织

1. 顶端分生组织

取洋葱根尖切片,置低倍镜下观察其分生区(生长点)细胞,可见细胞体积小,一般近似于等径;细胞壁薄,核大,细胞质浓,无细胞间隙,液泡不明显;在高倍镜下可看到处于各分裂期的细胞染色体特征,表明这些细胞具有强烈分生能力。

2. 侧生分生组织

(1)形成层:观察向日葵茎的横切面,在木质部和韧皮部之间,可见数层薄壁砖形扁平细胞,排列紧密,其中仅有一层细胞是形成层,而其内外方细胞均由它分裂衍生而来。观察束中形成层也是如此。

(2)木栓形成层:取马铃薯块茎做徒手切片,用苏丹Ⅲ染色数分钟,在低倍镜下即可见"薯皮"是由数层被染成棕红色的砖形细胞组成,排列紧密。这些细胞中有一层为木栓形成层细胞。

(二)保护组织

1. 表皮及其附属物

(1)撕取蚕豆叶下表皮一小片,制成临时装片,在显微镜下观察,注意细胞排列有何特点。可见有两种形态不同的细胞(图 1-4):一种是不规则的表皮细胞,有细胞核,但无叶绿体;另一种是成对的肾形保卫细胞,含有明显的叶绿体,也有细胞核。如看不清楚,可加碘溶液使含淀粉的叶绿体变成紫黑色,而细胞核呈暗黄色。每对保卫细胞之间的缝隙即气孔,是叶片与外界环境之间进行气体交换和水分蒸腾的通道,保卫细胞有控制和调节气孔启闭的作用,两个保卫细胞与气孔合称气孔器。换高倍镜观察气孔器的详细结构。此外还应注意气孔器在叶表皮上的分布情况,以及表皮上的附属物表皮毛和顶端膨大有分泌功能的腺毛。实验时如无新鲜的蚕豆叶,可用永久制片代替。

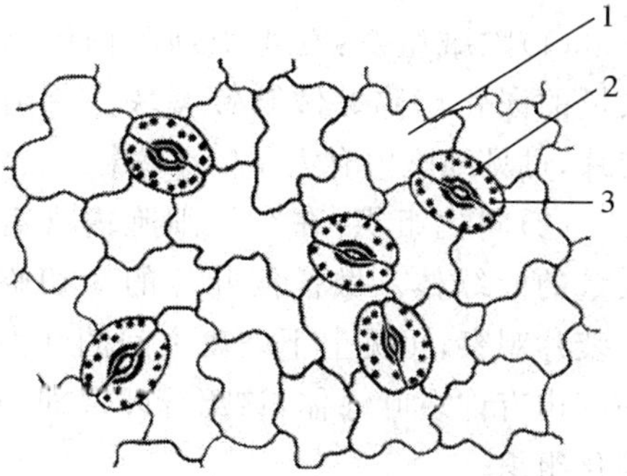

图 1-4　蚕豆叶表皮

(引自贺学礼《植物学》,2004)

1. 表皮细胞　2. 保卫细胞　3. 叶绿体

(2)取禾本科植物小麦或玉米叶下表皮装片观察:可见其表皮细胞的排列比双子叶植物规则,长方形的表皮细胞沿着叶片的长轴成纵行排列,此外还有成对的短细胞(硅细胞和栓细胞)等。细胞排列紧密,无胞间隙,不含叶绿体。除普通的表皮细胞外,还有特化成气孔器的细胞,每个气孔器由 4 个细胞组成,两个保卫细胞呈哑铃形,两端壁薄,膨大成球状,能看见叶绿体,它们的胀缩变化直接影响气孔的启闭,中部狭窄,壁增厚。在保卫细胞的外侧是两个副卫细胞(玉米的近似于三角形,小麦的副卫细胞外壁弧形),细胞核明显,无叶绿体。

(3)表皮附属物由于植物种类不同,形态也各异。有单细胞的(大豆叶)、多细胞的(番茄叶)、分枝的(茄子叶)和腺毛(天竺葵叶等)。

2. 木栓层

将马铃薯的临时装片放在低倍镜下观察,被苏丹Ⅲ染成棕红色的部分(木栓形成层以外的部分)有几层已死的细胞,切面上细胞呈长方形,细胞壁栓化,排列紧密,不透水,此即木栓层。木栓层以内有一、二层扁平细胞,是木栓形成层,木栓形成层以内二、三层稍大的薄壁细胞构成栓内层。以上 3 种组织构成周皮。周皮上有许多褐色小粒即皮孔。

在显微镜下观察,可看到马铃薯块茎外周上,有些部分没有木栓层,或者木栓层向外开了个大缺口,它就是皮孔。皮孔开口处,有很多圆形排列疏松的细胞是补充细胞。皮孔担任茎内外气体和水分的交换。

(三)基本组织

根(单子叶植物)、茎的髓、髓射线和皮层,叶片的栅栏组织和海绵组织,种子的胚乳,果实的果肉都属于基本组织。基本组织的特点是:细胞体积大,细胞壁较薄,常有细胞间隙和大液泡(图 1-5)。

根据组织的功能,基本组织可分为以下几类:

(1)贮藏组织:在组织细胞内贮有大量的同化产物。做马铃薯块茎临时装片,可见细胞内有大量的淀粉粒。

(2)同化组织:在组织细胞内含有大量的叶绿体。做任何叶片的横切临时装片观察,可见上下表皮之间的叶肉细胞内有许多叶绿体,该部分叶肉即为同化组织。

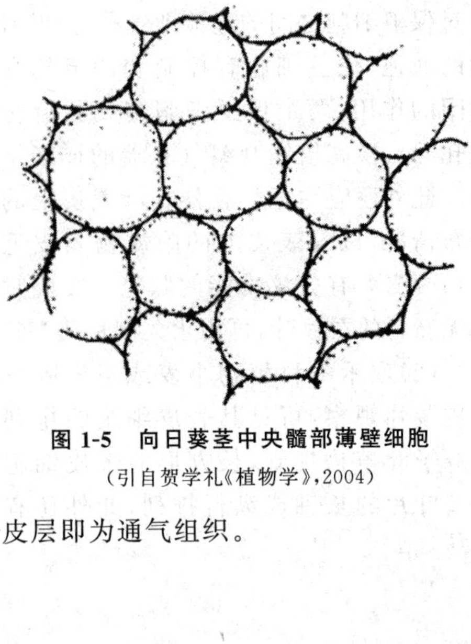

图 1-5 向日葵茎中央髓部薄壁细胞

(引自贺学礼《植物学》,2004)

(3)通气组织:组织细胞间有大的细胞间隙。观察水稻老根的横切制片,在它的皮层细胞间有发达的气腔,该部分皮层即为通气组织。

(4)吸收组织：观察小麦根尖纵切制片，可见到根毛区的毛状物，即根毛，它是根表皮外壁的突起。

五、作业与思考题

1. 绘蚕豆叶表皮细胞及气孔的构造。
2. 绘 2～3 种基本组织细胞结构图。
3. 顶端分生组织和侧生分生组织的特征及区别是什么？

实验四　植物组织(二)

——机械组织、输导组织、分泌组织

一、目的与要求

1. 学习用组织离析法制片。
2. 观察厚角组织、纤维、石细胞的形态特征。
3. 熟悉导管的类型，掌握导管与管胞、筛管与伴胞的特征及区别。
4. 掌握有限维管束和无限维管束的特征及区别。

二、仪器与药品

显微镜、载玻片、盖玻片、蒸馏水。

三、实验材料

离析材料，芹菜叶柄，梨、向日葵、棉花叶片和南瓜茎横切片，南瓜茎或丝瓜茎纵切片，松树茎纵横切片。

四、内容与方法

(一)组织离析法制片

离析法的原理是用一些化学药品配成离析液处理植物组织，使组织细胞间的胞间层溶解，因而细胞彼此分离，达到获得分散、单个完整细胞的目的，以便观察组织细胞的形态特征。

离析液的种类很多，最常用的有铬酸-硝酸离析液，它是以 10%铬酸液和 10%硝酸液等量混合而成。适用于木质化的输导组织和机械组织的离析，如导管、管胞、纤维、石细胞等。亦可用于草质的根、茎等成熟器官的解离，如瓜茎。具体步骤如下：

(1)将植物材料先切成小块或小条(火柴棍粗细、长约 1 cm)，放入平底管或小玻璃瓶中，加入上述离析液，其用量为材料的 5～10 倍，盖紧瓶塞置于室温条件下进行反应。如为草质根茎需要处理 3～4 h 或更长时间；如为木质的老根、枝条、木材或果壳等，置 40℃左右的恒温箱，处理 1～2 d 后才能离析成功，如果 2 d 后组织仍未分离，可更换新的离析液，直至材料离析成功为止。

(2)当需要时，可取出少量材料，按临时装片法制成玻片标本。

(二)机械组织

1. 厚角组织

是在细胞壁角隅处有纤维素增厚的活细胞，常成片存在，也可连续成圆筒状，分布在幼茎和叶柄棱角处的表皮之内。实验时，可就近取材，选用芹菜叶柄，花生、蚕豆、薄荷的方茎等作为实验材料做徒手横切片，制成临时装片，在显微镜下观察厚角组织的细胞特征和分布位置(图 1-6)。

2. 厚壁组织

一般都具有加厚的木质化壁，成熟后原生质体解体而成死细胞。其中有一类细胞形态细长，称纤维；而细胞近于等径形、方形和多角形的，木质化异常加厚的一类称为石细胞。

(1)取梨果肉一小块，挑取其中砂粒状的组织一小粒，置于载玻片上，用镊子压碎，加盖玻片低倍镜下观察，可见大型的薄壁细胞包围着一种暗色的石细胞群，壁异常加厚，细胞腔很小，具有明显的纹孔，常具分枝，故称分枝纹孔(图 1-7)。

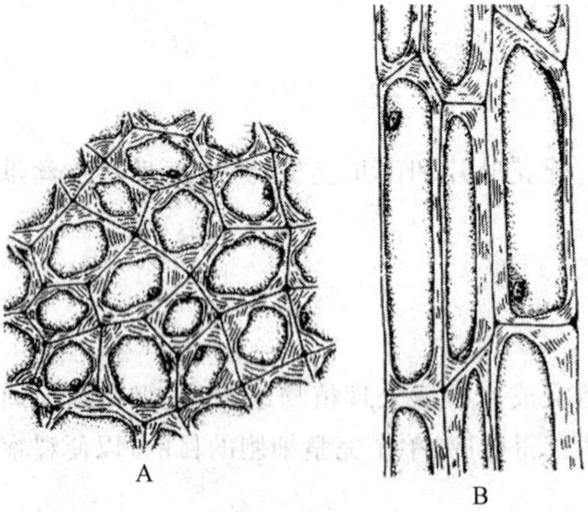

图 1-6 厚角组织

(引自贺学礼《植物学》,2004)

A. 横切面 B. 纵切面

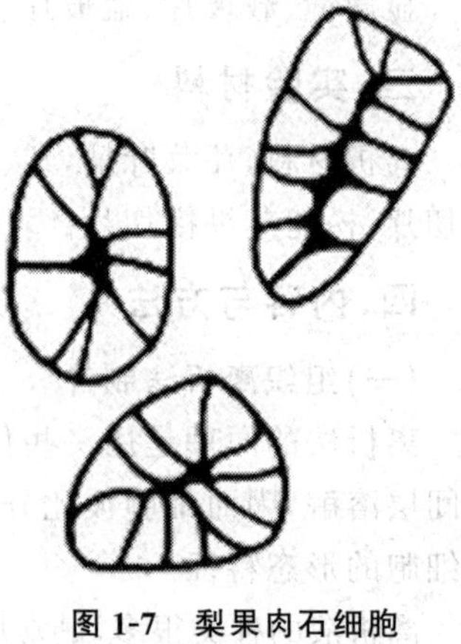

图 1-7 梨果肉石细胞

(引自贺学礼《植物学实验实习指导》,2004)

其他材料如椰壳、核桃壳和桃核等，均可用组织解离法处理后制成临时装片观察。

(2)用镊子夹取少许已浸解的白蜡木材纤维制成临时装片观察，纤维是两端锐尖、胞腔狭窄的厚壁细胞，次生壁上具纹孔，其长度比宽度大许多倍，常成束存在。

取向日葵茎横切片，在显微镜下观察纤维横切面的壁加厚情况。

(三)输导组织

(1)导管：取白菜柄上的叶筋一小段于载玻片上，用镊子压下使松散，加水盖上盖玻片于镜下观察，可见导管由一列长形细胞纵向上下连接而成，上下相邻细胞的横壁消失或部分消失，原生质已解体。导管次生壁加厚并木化，管壁上因加厚情况而呈现下列数种导管：环纹导管、螺纹导管、梯纹导管、网纹导管及孔纹导管(图 1-8)。

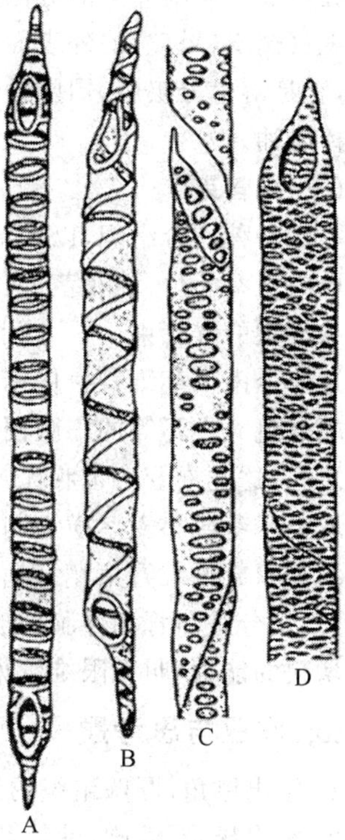

图 1-8　不同类型的导管

(引自贺学礼《植物学》，2004)

A. 环纹导管　B. 螺纹导管

C. 梯纹导管　D. 网纹导管

(2)筛管、伴胞：观察南瓜茎或丝瓜茎的纵切制片，首先在低倍镜下找到韧皮部存在的位置，然后在其中寻找长管状的细胞连接成的筛管，每一个长管状的细胞是一个筛管分子，筛管分子间连接的端部稍有膨大并染色较深处(可见筛孔的存在)，是筛板所在位置，细胞中无细胞核，有时其细胞质常收缩成一束，离开了细胞的侧壁，两端较宽，中间窄细。通过筛孔的原生质体的联络索远比胞间连丝大，特称联络索。在筛管旁边紧贴着一列染色较深的细长的伴胞，细胞质浓厚，并具有细胞核。

(3)管胞：观察松茎纵切片，在木质部内，许多两端尖锐的管状细胞即管胞。细胞壁上有多束具缘纹孔。

(4)筛胞：观察白皮松树皮的纵切片，可见薄壁的筛胞呈纵向排列，其壁上有许多筛域，每个筛域上密集生有许多很小的筛孔，这是裸子植物有机物运输的通道。

(四)分泌组织

(1)腺毛：作棉花或番茄叶的横切临时装片，观察表皮上的腺毛。腺毛具有柄和头部的结构，柄由单细胞或多细胞构成，并且可以有几行细胞。头部为单细胞或多细胞构成，有分泌功能。

(2)树脂道：取松树茎的横切片观察，可见薄壁细胞间有一个由 4～6 个分泌细胞包围而成的圆腔即树脂道。腔内充满着由周围分泌细胞所分泌的树脂。

(3)分泌腔:取棉花茎的横切制片观察,在表皮下的皮层中可见分泌腔。它原是一团分泌细胞,部分分泌细胞中层黏液化后相连细胞处互相分离形成裂生腔隙。裂生腔隙及其周围完整的分泌细胞构成裂生分泌腔。

观察橘皮(果皮)的外表面,可见上面有许多发亮的圆点就是油囊。做横切片观察,它是溶生分泌腔,周围是破坏的分泌细胞仍留在分泌腔周围,腔内充满的物质为挥发油。

(五)维管束

它是一种复合组织,以输导组织为主,还包括机械组织、分泌组织、基本组织等。取向日葵叶片、棉花茎、南瓜茎的横切片,重点观察和识别它们的维管束各属于哪种类型的维管束。

选一个南瓜茎维管束仔细观察,最易见的红色圆圈部分是木质部,木质部内外的两端绿色大小不等的细胞便是内外两部分韧皮部,而形成层位于木质部与外韧皮部之间,这类维管束也叫无限维管束。

取玉米茎或小麦茎横切制片观察包埋在茎基本组织中的成熟维管束。外围为厚壁纤维组成的维管束鞘,鞘内结构可分为两部分:一部分是以导管为主的木质部,另一部分是筛管和伴胞构成的韧皮部,其间没有维管形成层,这类维管束没有继续增粗的能力,叫无限维管束。

五、作业与思考题

1. 绘出厚角、厚壁组织的细胞特征图。
2. 绘出导管、管胞、筛管及伴胞结构图。

实验五　种子和幼苗

一、目的与要求

1. 观察种子的外部形态。
2. 掌握种子的基本构造及单、双子叶植物种子结构的区别。
3. 掌握不同类型幼苗的形态特征。

二、仪器与用具

放大镜、解剖针、刀片、镊子、培养皿。

三、实验材料

蓖麻、大豆(或蚕豆)、番茄、豌豆、西瓜、小麦、玉米种子及幼苗。

四、内容与方法

(一)种子的形态结构及类型

1. 双子叶植物有胚乳种子

取蓖麻种子对其外观进行观察(图 1-9),可见其有光泽及黑色或棕色花纹的坚硬外种皮,在种皮上端有一浅色海绵状突起称种阜,能吸水,有利于种子萌发。在种子的腹面,种阜内侧的小突起即种脐,必要时用手持放大镜观察。种阜和种脐的下方有一条纵向的隆起即为种脊。种孔被种阜覆盖,一般看不到。小心剥去坚硬的外种皮,可见内侧还有一层白色膜质的结构,为内种皮。内种皮内部肥厚的部分是胚乳,持刀片与种子的宽面平行做纵切,把胚乳分为两半,用放大镜观察,能见到叶脉清晰的子叶,同时可以看到胚根和极小的胚芽,胚轴虽然很短,但可见到它连着子叶、胚芽和胚根。

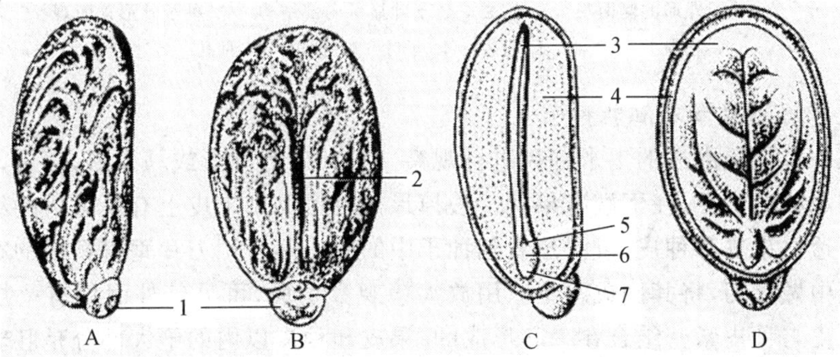

图 1-9 双子叶植物有胚乳种子(蓖麻)

(引自贺学礼《植物学》,2004)

A. 种子外形侧面观 B. 种子外形腹面观 C. 与宽面垂直的正中纵切 D. 与宽面平行的正中纵切

1. 种阜 2. 种脊 3. 子叶 4. 胚乳 5. 胚芽 6. 胚轴 7. 胚根

2. 双子叶植物无胚乳种子

取用水浸泡过的大豆或蚕豆种子,用肉眼观察(图 1-10),其外形呈肾形,表面革质部分(颜色因品种不同而不同)为种皮。在种子稍凹的一侧有一条状的斑痕称种脐,它是种子成熟时与果实脱离后遗留的痕迹。在种脐一端的种皮上有一个孔为种孔(用手挤压种子的两侧时,可见有水泡从种孔溢出),即胚珠时期的珠孔。在种脐的另一端种皮上,近处有一瘤状突起,远端是种脊,内含维管束。剥去种皮,可见两片肥厚的子叶,掰开两片子叶,可以看见这两片子叶着生在胚轴上,胚轴的上端为胚芽,有两片比较清晰的幼叶,如果用解剖针挑开幼叶并用放大镜进行观察,可以看见胚芽的生长点和突起状的叶原基。在胚轴的下端为一尾状物是胚根。当种子萌发时,胚根首先从种孔伸出突破种皮。因此,种皮里面的整个结构就是胚,没有胚乳的存在。

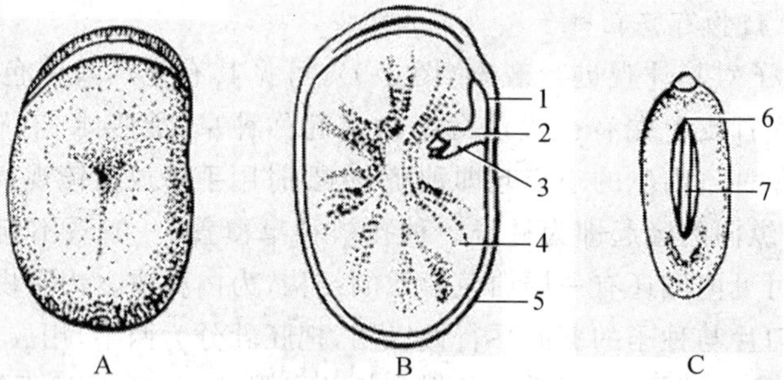

图 1-10 蚕豆的种子

(引自贺学礼《植物学》,2004)

A. 种子外形的侧面观 B. 切去一半子叶显示内部结构 C. 种子外形顶面观

1. 胚根 2. 胚轴 3. 胚芽 4. 子叶 5. 种皮 6. 种孔 7. 种脐

3. 单子叶植物有胚乳种子

取一粒已浸泡过的玉米籽粒进行观察。其外形为圆形或马齿形,稍扁,在顶端可见到花柱的遗存,在下端有果柄。去掉果柄时可见到果皮上有块黑色的组织,即种脐。透过果皮和种皮,可清楚看到种子中的胚。然后用刀片垂直颖果的宽面,沿胚之正中做纵切,将其剖成两半。用放大镜观察切面,可见其外面仅有一层厚皮,是由果皮与种皮紧密结合在一起形成的;果皮和种皮以内的绝大部分是胚乳,仅在切面基部一角的小部分结构为胚。在通常状态下,胚与胚乳区分不明显,但若在玉米籽粒切面处滴一滴稀释的碘液,可见大部分被染成蓝色,此部分即为胚乳,而小部分呈现橘黄色的即为胚。

再取玉米的胚,小心纵切制片,仔细观察其结构,可见其亦由胚芽、胚轴、胚根和子叶 4 部分组成,但是子叶只有一片,称为盾片。在胚的内侧,紧靠胚乳的表皮细胞排列整齐,细胞呈柱状,称为上皮细胞;此外在胚根和胚芽的外面各包着一鞘状结构,分别称为胚根鞘和胚芽鞘。

(二)幼苗的形态

将观察用的黄豆、蚕豆和玉米(或小麦)种子经挑选后进行浸泡吸胀,然后播入盛有松软土壤或锯末的花盆中,待其出苗,观察各类型幼苗的形态特点。观察时请注意以下问题:

(1)种子萌发时,胚的哪一部分最先突破种皮(或果皮);

(2)注意区分主根和侧根;

(3)注意区分真叶与子叶；

(4)注意比较幼苗形态特点，依据对上胚轴和下胚轴的度量来判断幼苗的类型。

五、作业与思考题

1. 绘制蚕豆(菜豆)种子剖面图，注明种子结构各部分名称。
2. 绘玉米胚的结构图，注明各部分名称。
3. 如何判断幼苗属于叶出土幼苗还是子叶留土幼苗？

实验六　根的形态及初生结构

一、目的与要求

1. 掌握根尖形态、分区和内部构造。
2. 掌握单、双子叶植物根初生结构的基本特点。

二、仪器与用具

显微镜、载玻片、盖玻片。

三、实验材料

小麦、玉米、洋葱根尖纵切片，向日葵、小麦和水稻根横切片。

四、内容与方法

(一)根尖形态与分区

1. 材料的培养

在实验前5～7 d，将小麦或玉米籽粒浸水吸涨，置于垫有潮湿滤纸(纱布亦可)的培养皿内并加盖，以维持一定的湿度(注意不可被水淹没，否则影响呼吸，以至腐烂)，保持一定的温度(15～25℃为宜)，待幼根长到2～3 cm时即可作为实验材料。

2. 根尖形态及分区的观察

选择生长良好而直的幼根，截取端部约1 cm的小段放在干净的载玻片上观察。幼根上有一区域密布白色绒毛，即根毛，这一部分即根毛区(或称成熟区)。根尖最先端略微透明的部分是根冠，呈帽状，罩在略带黄色的分生区(亦称生长点或生长锥)外。位于根毛区和分生区之间的一小段是伸长区，洁白而光滑，注意一旦出现根毛，根毛出现的区域伸长就停止了。根毛的发生阻碍着根的进展，而根冠恰好是适应根尖在土壤中推进的特有保护结构。

(二)根尖的内部构造

取洋葱根尖纵切制片，在显微镜下观察，由根尖逐渐向上辨认以下各区并注意其细胞特点。

1. 根冠

在根尖的最先端，略呈三角形，套在生长点之外，是一群薄壁细胞，排列不整齐(外层较大，内部细胞较小)，其外部有些活细胞从根冠表面脱落，而在根冠内部贴近生长点的一些细胞，形小而质浓，是特殊的分生组织，能为根冠不断地填补新细胞。

2. 分生区

在根冠之内，长仅1～2 mm，由排列紧密的小细胞组成。细胞壁薄、核大、质浓，属分生组织(包括原分生组织和初生分生组织的主要部分)。细胞分裂能力很强，在清晰的制片中，常可以见到细胞有丝分裂的分裂相。

3. 伸长区

位于分生区的上方，由分生区细胞分裂而来，长2～5 mm。此区细胞一方面沿长轴方向迅速伸长，另一方面逐步分化成不同的组织，向成熟区过渡。一般细胞内均有明显的液泡。有的切片中能见到一种特别宽大的成串细胞，是正处于发育中的幼嫩导管细胞。

4. 根毛区(成熟区)

位于伸长区的上方。该区细胞停止伸长生长，从横切、纵切面上由外到内均可见到已分化成熟的各种组织，换高倍镜可以观察到环纹导管和螺纹导管。该区外部显著特征是根毛区表面密生根毛，是根的主要吸收部位。注意根毛不是一个完整的细胞，它是表皮细胞外壁突起的部分，根毛内含有细胞质和细胞核。

由于上述各区是逐渐变化并不断向前推进的，因此各区之间没有明显的界线。

(三)双子叶植物根的初生结构

1. 双子叶植物根的初生结构

取向日葵、棉花根毛区横切片(图1-11)于显微镜下观察。

(1)表皮：是根毛区最外面的一层细胞，排列紧密，细胞略呈长方形，在横切面上则近方形，许多表皮细胞的外壁向外突起形成根毛，扩大了根的吸收面积。

(2)皮层：在表皮之内，占幼根的大部分，由多层薄壁细胞组成，可进一步分为外皮层、皮层薄壁细胞和内皮层3部分。

①外皮层：是皮层最外一层细胞，细胞比其内侧的细胞稍小，排列紧密，无细胞间隙，当根毛枯死后，外皮层的细胞壁发生栓化，起保护作用。

②皮层薄壁细胞：由多层薄壁细胞组成，位于外皮层之内，细胞体积较大，细胞壁薄，排列疏松，有明显的细胞间隙。

③内皮层：是皮层最内一层薄壁细胞，内皮层的径向壁与横壁上有一条木质栓

化带状增厚部分，称凯氏带。在横切面上，仅见其径向壁上有很小的增厚部分，常称凯氏点，往往被番红染成了红色。这种结构对水分和物质的吸收起限制作用。

(3)维管柱(中柱)：是内皮层以内所有的部分，细胞一般较小而密集，由中柱鞘、初生木质部、初生韧皮部和薄壁细胞等几部分组成。

①中柱鞘：紧邻内皮层，为一层排列紧密的细胞，但在对着原生木质部处的中柱鞘常有2～3层细胞。中柱鞘在根中起着重要的作用，保持着分生组织的特点和分生功能，侧根、木栓形成层和维管形成层的一部分都发生于中柱鞘。

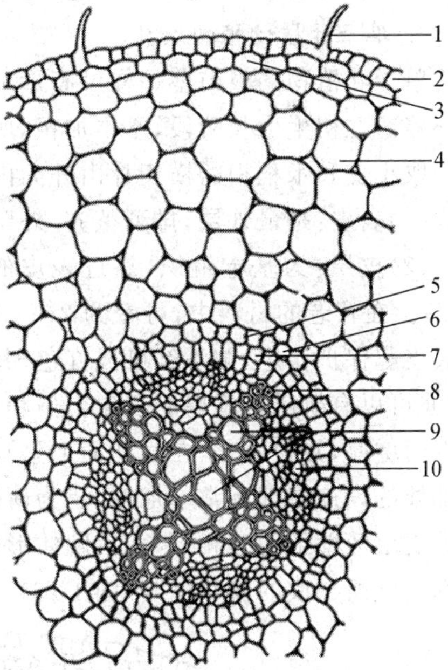

图 1-11 棉花根横切面(示初生结构)

(引自贺学礼《植物学》,2004)

1. 根毛 2. 表皮 3. 外皮层 4. 皮层薄壁组织 5. 凯氏点 6. 内皮层 7. 中柱鞘 8. 原生木质部 9. 后生木质部 10. 初生韧皮部

②初生木质部：在切片中其导管常被番红染成红色，其细胞壁厚而胞腔大，是输导水分和无机盐的组织，常排列成4～5束呈星芒状，每束导管口径大小不一致，靠近中柱鞘的导管最先发育，口径小，是一些螺纹和环纹加厚的导管，叫原生木质部；分布在靠近根中心位置的导管是网纹、梯纹、孔纹导管，口径大，分化较晚，为后生木质部，其导管着色往往浅淡，甚至不显红色。这种导管发育顺序的先后，可说明根的初生木质部是外始式的，这是根初生结构的特征之一。

③初生韧皮部：位于初生木质部的两个辐射角之间，与木质部相间排列，由筛管、伴胞等组成，是输送同化产物的组织，韧皮部的分化顺序也是自外向内。

④薄壁细胞：是位于初生木质部与初生韧皮部之间的几层薄壁细胞。当根开始进入次生生长时，这部分薄壁细胞转变为维管形成层的一部分。

一般双子叶植物根的导管是由外向心分化的，因而使整个根的中心为导管所占据，中央无髓。毛茛根横切片也是观察双子叶植物根初生结构较好的材料，其内皮层凯氏带不仅停留于环带式的加厚，而且常使内皮层细胞发展为六面均匀增厚，十分特殊，仅在正对木质部束的地方保留1～2个细胞的壁不增厚，成为水和溶质进入维管柱的通道，故称通道细胞。

2. 单子叶植物根的结构

单子叶植物的根与茎一样没有形成层的产生。因此，单子叶植物根的生长一般都停留在初生生长阶段，不再加粗，所以仅有初生构造。

取小麦和水稻根的横切片由外向内观察以下各部分。

(1)表皮：是最外层，排列整齐，外壁无角质化，常有突起的根毛。

(2)皮层：为基本组织，靠近表皮的1～2层细胞小，排列紧密，称外皮层(图1-12)。在较老的材料中，可看到2～3层厚壁细胞，并木质化与栓质化，以后可代替表皮起保护作用，被番红染成红色，其内皮层细胞与蚕豆根比较，幼时结构差不多，亦可以有凯氏带增厚的现象。但稍老就出现明显的不同。即其内皮层细胞多为五面增厚，并栓质化，在横切面上呈马蹄形，仅外切向壁是薄的，但在正对原生木质部处的内皮层细胞常不加厚，仍为薄壁的通道细胞，便于水分输导。水稻老根中部分皮层薄壁细胞互相分离，后解体形成大的气腔，气腔间为离解的薄壁细胞及残留细胞壁所构成的薄片隔开(图1-13)。

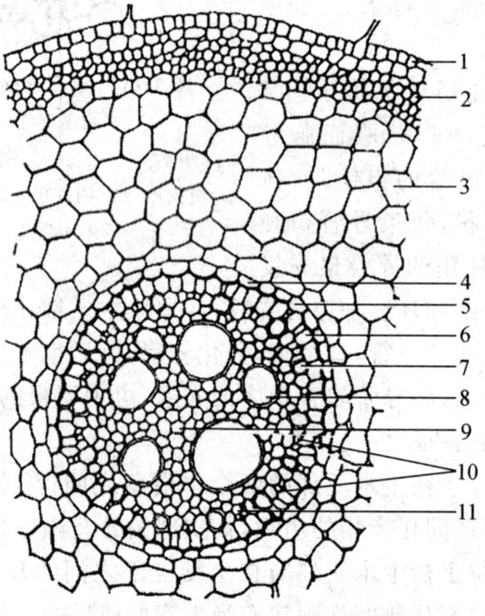

图1-12　小麦老根横切面局部图

(引自李扬汉《植物学》，2006)

1. 表皮　2. 厚壁组织　3. 皮层薄壁组织　4. 内皮层　5. 通道细胞

6. 中柱鞘　7. 原生木质部　8. 后生木质部　9. 髓

10. 原生韧皮部　11. 后生韧皮部

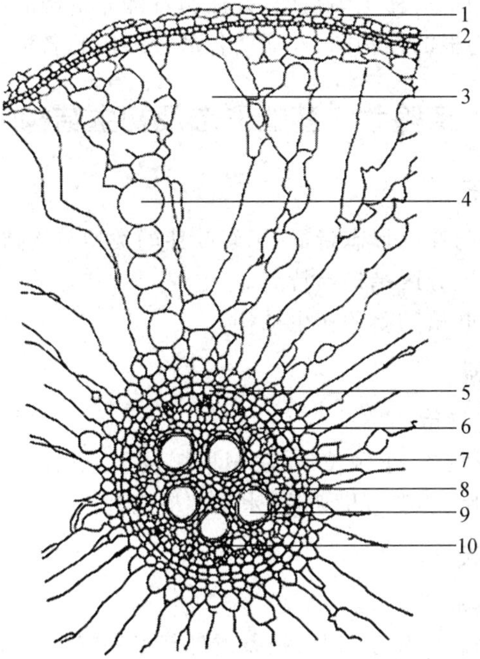

图 1-13　水稻老根横切面局部图

（引自李扬汉《植物学》,2006）

1. 表皮　2. 外皮层　3. 气腔　4. 残余的皮层薄壁细胞　5. 内皮层
6. 中柱鞘　7. 初生韧皮部　8. 原生木质部
9. 后生木质部　10. 厚壁组织

(3)维管柱(中柱):位于皮层以内,包括以下结构。

①中柱鞘:紧邻内皮层的一层薄壁细胞,具有通过反分化形成侧根的能力。

②木质部:中柱鞘内成圈排列着数束至十几束,靠近中柱鞘的导管直径小,发生早,具有环纹、螺纹增厚,是原生木质部;近髓处的导管直径较大,成熟较晚,故在切片上染色较浅,待成熟时为孔纹、网纹增厚,是后生木质部,每束木质部由几个导管组成,每个后生木质部导管常与两个原生木质部导管相对应。

③韧皮部:在两束初生木质部之间与初生木质部相间排列,由 5～6 个细胞组成,细胞直径较大的是筛管,直径较小的是伴胞。

④髓:位于根的中心,由薄壁细胞组成,这是单子叶植物根的典型特征之一。

五、作业与思考题

1. 绘洋葱根尖纵切面图,并注明各部分结构的名称。

2. 绘双子叶植物根的初生结构图,并注明各部分结构的名称。

3. 绘单子叶植物根的结构图,并注明各部分结构的名称。

实验七　茎的形态及初生结构

一、目的与要求

1. 掌握枝条、茎与芽的形态特征,了解叶芽的类型与构造。

2. 掌握茎尖分区、分区结构与特点。

3. 掌握单、双子叶植物茎的初生结构。

二、仪器与材料

(1)仪器:光学显微镜。

(2)材料:新疆杨枝条、丁香枝条、法国梧桐枝条、梨枝条、柳树枝条、向日葵茎横切片、玉米茎横切片、小麦茎横切片、水稻茎横切片。

三、内容与方法

(一)枝条的基本形态

取3年生木本植物的枝条,观察枝条的外部形态特征。

着生叶和叶芽的茎称为枝条,枝条有长枝与短枝之分。注意区别一种植物的长枝与短枝。观察苹果、海棠或梨等具有长、短枝区别的枝条,长枝的节间较长,短枝的节间很短,生长很慢,一般果树只在短枝上开花结果,所以也叫果枝。

(二)茎的基本形态

取3年生木本植物的枝条,观察茎的外部形态特征。

(1)节与节间:茎上着生叶的位置叫节,两个节之间的部分叫节间。

(2)顶芽与腋芽(侧芽):着生在枝条顶端的芽为顶芽,着生在叶腋处的芽叫腋芽,也称侧芽。

(3)叶痕与维管束痕(束痕):叶脱落后在茎上留下的痕迹称叶痕;叶痕上的点状突起是叶柄与枝条中心维管束断离后留下的痕迹,称维管束痕(束痕);叶痕在茎上的排列顺序和形状,维管束痕的数目和不同的排列形态都是植物形态的鉴别特征。

(4)芽鳞痕:是芽发育为新枝时,芽鳞脱落后留下的痕迹。芽鳞痕常在茎的周围排列成环状,根据枝条上芽鳞痕的数目可以判断它的生长年龄。

(5)皮孔:为茎表面的裂缝状的小孔,是茎与外界的通气结构。不同木本植物的皮孔形态不同,可作为木本植物形态的鉴别特征。

(三)芽的类型与结构的观察

茎上常具有芽,它是处于幼态的还未伸展的枝、花或花序。依据对芽分类依据的不同,可将芽分为定芽和不定芽,鳞芽和裸芽,活动芽和休眠芽,枝芽、叶芽、花芽和混合芽。

(1)芽的类型:观察所给实验材料枝条上的芽,辨认其属于定芽还是不定芽,活动芽还是休眠芽,是鳞芽还是裸芽。再用刀片将芽纵切或一片一片由外向内剥取,在放大镜或实体显微镜下辨认枝芽、叶芽、花芽和混合芽。

(2)叶芽的结构:取杨树、白蜡树的叶芽各一个,用刀片通过芽的顶端纵切为两半,放在实体解剖镜下观察,辨认芽轴顶端的生长锥、芽轴、幼叶、叶原基、腋芽原基,有些芽外面还有芽鳞。

(四)茎尖的结构与分区

茎尖与根尖一样,也包括分生区、伸长区和成熟区 3 部分,但没有帽状的保护结构,而由许多幼叶紧紧包围着茎尖的生长锥,即分生组织所在的部位。取芽的纵切片观察芽的结构。

1. 分生区

茎尖生长锥的最顶端部分是原分生组织,它们可以向后不断分裂产生新细胞,这些细胞一方面继续保持分裂能力,另一方面初步分化为初生分生组织(位于生长锥的下部,即原表皮、基本分生组织和原形成层)。原分生组织和初生分生组织共同构成茎的顶端分生组织,即茎尖的分生区。和根尖分生区不同的是,它具有叶原基的突起。

2. 伸长区

位于分生区的下方。这部分细胞迅速伸长长大,并且液泡化,是使茎伸长生长的主要部位,并随着细胞个体的长大整个伸长区也明显增大。在春季或茎尖生长的季节,比根的伸长区长,但在休眠期,伸长区可以不存在,如越冬芽(休眠芽)下方都已是成熟区。在此区初生分生组织开始形成初生组织,如原表皮分化形成细胞排列整齐的表皮,基本分生组织分化形成皮层和中央部分的髓,束状的或环状的原形成层外方首先分化出原生韧皮部,内方则先分化为原生木质部。

3. 成熟区

位于伸长区的下方。这部分细胞的伸长生长已停止,组织分化基本成熟,出现后生韧皮部和后生木质部,形成茎的初生结构。但不同植物的茎,其初生组织的组成成分和排列是不一样的。

总的看来,茎尖的结构,由于有叶原基和腋芽原基的发生,远比根尖结构复杂。

(五)双子叶植物茎的初生结构

取向日葵茎的横切片,放显微镜下低倍镜观察,可见其初生结构由外至内依次为表皮、皮层和维管柱 3 部分,然后在高倍镜下仔细观察各部分结构(图 1-14)。

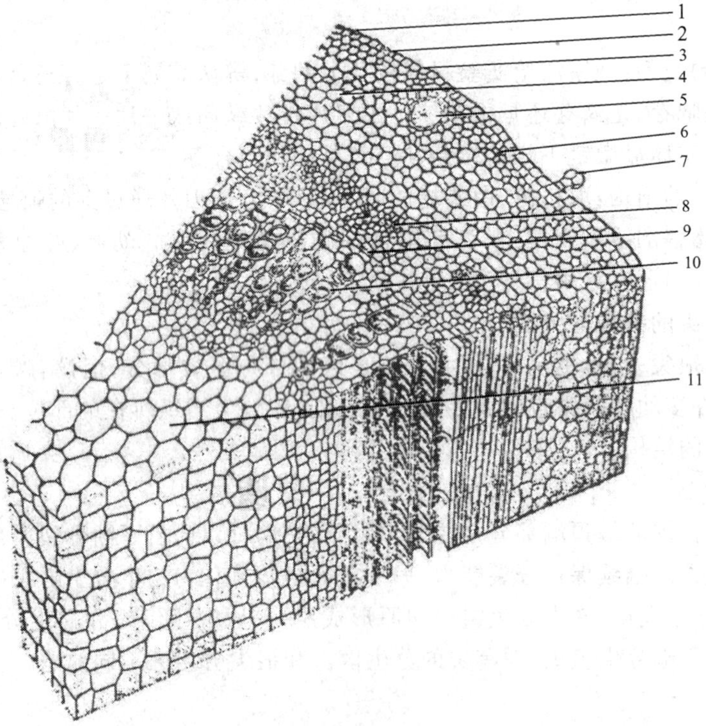

图 1-14 棉花幼茎立体结构图

(引自贺学礼《植物学实验实习指导》,2004)

1. 表皮 2. 气孔 3. 角质膜 4. 皮层薄壁细胞 5. 分泌腔 6. 厚角组织 7. 腺毛 8. 初生韧皮部 9. 形成层 10. 初生木质部 11. 髓

1. 表皮

表皮属初生保护组织,是由原表皮的细胞分化发育而来。表皮由一层排列紧密的细胞组成,细胞外切向壁可见有被番红染成红色的角质层。有部分表皮细胞分化出表皮毛,表皮毛为单细胞或多细胞的。

2. 皮层

皮层是居于表皮以内维管柱以外的部分,是由基本分生组织细胞分裂分化而来的。与根的初生结构相比较,皮层在茎横切面上所占比例很小。靠近表皮的几层皮层细胞较小,是厚角组织,其中有小型的分泌腔(分泌组织),厚角组织以内为薄壁组织。

3. 维管柱

双子叶植物茎的维管柱为皮层以内的所有组织,包括维管束、髓和髓射线 3

部分。

(1)维管束:多呈束状,染色较深,易识别,在横切面上排成一环,属复合组织。每一维管束由初生韧皮部、束中形成层和初生木质部组成,都是由原形成层分化而来的。韧皮部在木质部的外方,木质部和韧皮部之间还有束中形成层,因而属外韧无限维管束。

初生韧皮部:包括原生韧皮部和后生韧皮部,它的发育过程是自外向内成熟的,故称外始式发育。在维管束的最外方,还有原生韧皮纤维,又称"中柱鞘纤维",在其内方才是筛管、伴胞和韧皮薄壁细胞,可用高倍镜进行观察。

束中形成层:是原形层保留下来的,仍具有分裂能力的分生组织。在横切面上,细胞呈扁平状,壁薄,染色浅淡。

初生木质部:包括原生木质部和后生木质部,根据导管分子口径的大小和番红染色的深浅可以判断,靠近中心的是原生木质部,导管口径小,发生早,染色深;而后生木质部在外方,导管口径大,发生较晚,染色较淡。木质部的发育方式为内始式。

(2)髓:位于茎的中央部分,是基本分生组织分化而来的。组成髓的薄壁细胞排列疏松,具贮藏的功能。

(3)髓射线:由原形成层束之间的基本分生组织分化而来的。髓射线是位于两个维管束之间的薄壁细胞,连接着皮层和茎中央的髓。髓至皮层薄壁细胞之间物质由此运转,并兼有贮藏的功能。

(六)单子叶(禾本科)植物茎的初生结构

大多数单子叶植物茎中没有形成层,因此只有初生结构,其结构比较简单,不能进行加粗生长。与双子叶植物茎比较,主要不同点是维管束星散状分布于基本组织中,因此没有皮层和髓的明显界限。常见的单子叶植物茎的初生结构有两种类型:

1. 玉米茎的初生结构(不具髓腔)

取玉米茎横切片在低倍镜下区分其表皮、基本组织和维管束3部分,然后在高倍镜下观察各部分的详细结构。

(1)表皮:茎的最外一层细胞,排列整齐,外壁有较厚的角质层,表皮细胞之间有气孔器,保卫细胞很小,两侧的副卫细胞稍大,中间裂缝为气孔。

(2)基本组织:靠近表皮的数层细胞,形状小,排列紧密,细胞壁增厚而木质化,是厚壁组织,称外皮层,具有机械支持的作用。外皮层内为薄壁组织,是基本组织的主要部分,细胞较大,排列疏松,有胞间隙,越靠近茎的中部,细胞越大。

(3)维管束:分散于基本组织中,靠近茎边缘的维管束小而多,近中部的大而少,因此在玉米茎中没有皮层和髓的界限,也没有维管柱的界限。在高倍镜下选一个维管束观察:可见到每个维管束的外围都有一圈由厚壁细胞组成的维管束鞘,内有木质部和韧皮部两部分,两者之间没有形成层,是有限维管束。初生韧皮部在外方,包括最外方的原生韧皮部,有时已被挤破,后生韧皮部在它的里侧,是有输导功能的部分,只含筛管和伴胞两种成分,排列十分规则。初生木质部通常含有3～4个显著的,被染成红色的导管,口径较大,在横切面上排列成"V"形,其下半部分是原生木质部,由1～2个较小的导管和少量的薄壁细胞组成,往往由于茎的伸长而将环纹或螺纹的导管扯破,形成一个空腔,叫气腔或胞间道。"V"形的上半部分是后生木质部,有两个大的孔纹导管,二者之间有薄壁细胞或一些管胞。

2. 小麦茎的初生结构(具髓腔)

取小麦茎横切片进行观察,注意与玉米茎结构相比较。主要区别是小麦茎中央有髓腔,节间的维管组织由内、外两圈维管束组成,外圈小维管束常与含叶绿体的同化组织相间排列,内圈维管束则位于薄壁组织中,和玉米一样都是外韧型有限维管束,其具体结构也相似。此外,在表皮之内的厚壁细胞(纤维)往往形成厚度(层次)不同的连续区域,呈"工"字形排列,包围着同化组织和小的维管束,并与内侧的薄壁组织相连(图1-15)。

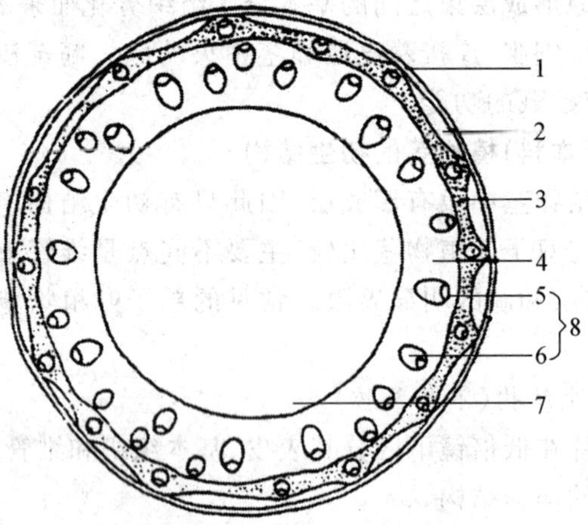

图1-15 小麦茎横切

(引自贺学礼《植物学》,2004)

1. 表皮 2. 同化组织 3. 厚壁组织 4. 薄壁组织 5. 韧皮部 6. 木质部 7. 髓腔 8. 维管束

3. 水稻茎的初生结构(具髓腔)

取水稻茎节间横切片进行观察。与小麦茎的结构比较有相似之处,但也有区别:①机械组织没有小麦发达,明显向外突出成棱;②维管束也是两圈,外圈的小,位于突出的机械组织中,内圈的较大,位于机械组织内侧的基本组织中;③不同于小麦之处是在维管束间有通气组织——气腔(图 1-16)。

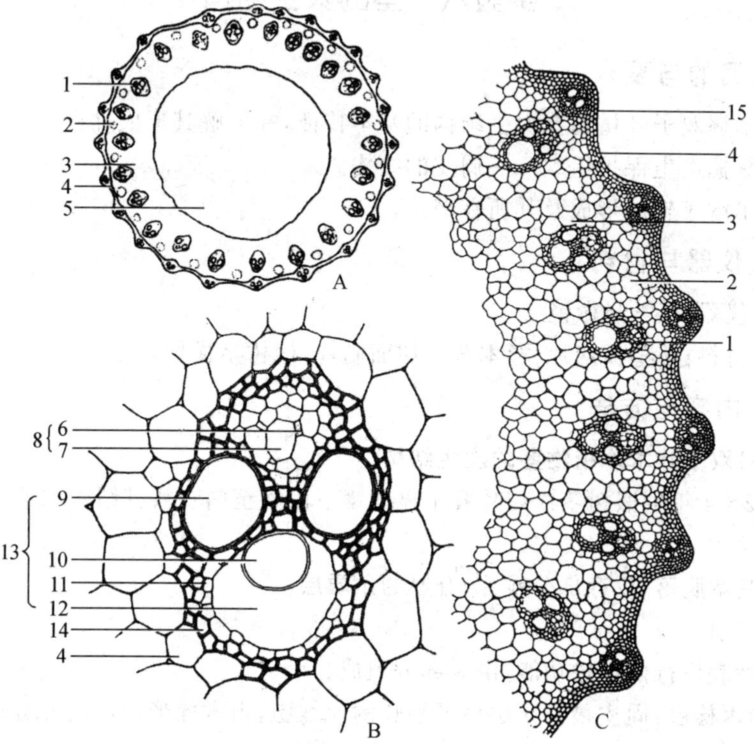

图 1-16　水稻茎横切示单子叶植物茎的结构

(引自李扬汉《植物学》,2006)

A. 茎横切面　B. 维管束放大　C. 茎横切面部分放大

1. 维管束　2. 气腔　3. 薄壁组织　4. 机械组织　5. 髓腔　6. 伴胞　7. 筛管　8. 韧皮部　9. 后生木质部　10. 原生木质部　11. 薄壁组织　12. 气隙　13. 木质部　14. 维管束鞘　15. 表皮

四、作业与思考题

1. 绘向日葵茎(或菊花茎)横切面结构详图,注明各部分结构的名称。

2. 绘玉米茎横切面轮廓图,并选绘一个维管束的细胞图,注明各部分结构的名称。

3. 比较单、双子叶植物根与茎初生结构的差异。

4. 比较单、双子叶植物茎初生结构的异同点。

5. 比较分析玉米茎和小麦茎在结构上的异同点。

实验八　茎的次生结构

一、目的与要求

1. 掌握双子叶植物茎次生结构的基本特征，并了解其形成过程。

2. 掌握次生保护组织——周皮的结构。

3. 了解年轮的形成及其所在部位。

二、仪器与材料

(1)仪器：光学显微镜。

(2)材料：松茎横切片、杉木茎三切面制片、椴树茎横切片。

三、内容与方法

(一)双子叶木本植物茎的次生结构

取2～4年生椴树茎横切片置于显微镜下由外至内观察其结构如下(图1-17)：

1. 表皮

已基本脱落，仅存部分残片，有厚的角质层。

2. 周皮

代替表皮行使保护功能，由3部分组成。

(1)木栓层：周皮最外几层扁平细长的死细胞，由木栓形成层向外分裂而形成。木栓层细胞排列整齐而无细胞间隙，细胞壁因栓化而不透气、不透水，因此木栓层具有很好的保护作用。

(2)木栓形成层：木栓层以内具有分裂能力的一层扁平长方形生活细胞。

(3)栓内层：位于木栓形成层之内，由1～2层长方形生活细胞组成，它是由木栓形成层细胞向内分裂形成的。

3. 皮层

居于周皮之内、维管柱的外方，仅由数层厚角组织和薄壁组织组成，有些薄壁细胞中含有草酸钙晶体。

4. 维管柱

皮层以内的所有部分，由3部分组成。

(1)维管束：在横切面上维管束呈环状排列，每个维管束由初生韧皮部、次生韧皮部、维管形成层、初生木质部、次生木质部组成。

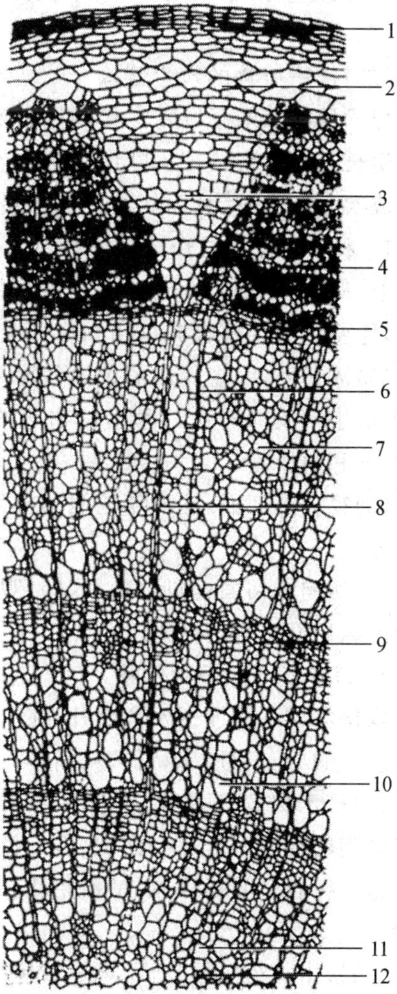

图 1-17　椴树 3 年生茎(局部)横切面

(引自李扬汉《植物学》,2006)

1. 周皮　2. 皮层　3. 韧皮射线　4. 次生韧皮部　5. 形成层　6. 维管射线　7. 次生木质部　8. 木射线　9. 晚材　10. 早材　11. 后生木质部　12. 原生木质部

初生、次生韧皮部：初生韧皮部紧连皮层，其内才是排列较整齐的次生韧皮部，这两部分的细胞排列呈梯形(底边靠近形成层)。在切片中明显可见的是被染成红色的韧皮纤维与被染成绿色的韧皮薄壁细胞、筛管和伴胞，呈横条状的相间排列。注意区别口径较大的、细胞壁薄的筛管和其旁侧染色较深、具核的伴胞。另外，在次生韧皮部中还有韧皮射线。

维管形成层：位于次生木质部和次生韧皮部之间的一层细胞，但因其分裂出来的幼嫩细胞还未分化成木质部和韧皮部的各种细胞，所以看上去这种扁平的细胞有 3～5 层之多，细胞排列整齐，而且径向壁连成一线。

初生、次生木质部：位于维管形成层以内，中央髓以外。木质部的最内方突入髓的部分是初生木质部，其余部分全是次生木质部。次生木质部的导管被染成红色，放射状排成一串，在次生木质部中还有木射线。观察时注意木射线是否与韧皮射线相连，它们和髓射线如何区别？2、3 年生椴树茎其木质部呈现出 2～3 个同心圆，每个同心圆就是一个年轮，每个年轮靠圆心的一侧细胞大，是春材；靠近外侧的细胞小排列紧密，是秋材。

(2)髓：位于茎的中央，由大型薄壁细胞组成。一般髓细胞的内含物比较丰富，除含淀粉和结晶体外，还含有单宁和黏液物质，所以部分细胞染色较深。

(3)髓射线：位于两个维管束之间(若干个髓射线在横切面上呈放射状排列)，

为 1～3 列薄壁细胞；从髓开始木质部到达韧皮部后，细胞变大，呈倒梯形或倒三角形。

(二)裸子植物的次生结构

裸子植物和双子叶木本植物茎类似，通过维管形成层和周皮的产生，进行茎的次生生长。维管形成层不断向内侧产生新细胞形成次生木质部，向外侧产生新细胞形成次生韧皮部，从而使茎逐年加粗。

1. 木本植物茎三切面的观察

取一段直径 10～20 cm 裸子植物茎的三切面标本，如松、杉、柏等，注意观察横切面，还要注意观察径向纵切和切向纵切两个不同的断面，比较观察如下：

(1)横切面：注意树皮的色泽与厚度，它是由哪些组织构成的？树皮以内是木材(即次生木质部)，这是木本植物茎的主要部分。注意观察同心环状的年轮、边材、心材和射线等。

(2)径向纵切面：注意年轮线的排列方向、边材与心材、射线的形成和形成层的位置等。

(3)切向纵切面：对照(1)和(2)，观察上述各部分，注意它和横切面有何不同？和径向纵切面又有何区别。

2. 松木材三切面的观察

取松木材三切面的永久制片，在 3 个不同的切面上，观察松次生木质部(木材)各种组织的分布和形态特征，从而建立茎结构的立体观念。

(1)松木材横切面：观察各种成分的形态特征，管胞呈四边形或五边形，具缘纹孔在管胞的径向壁上呈剖面观。木射线呈纵切状态，只一列细胞宽，是长方形的薄壁细胞。树脂道明显可见，呈横切状。也可观察早材和晚材管胞的不同，年轮线和年轮。

(2)松木材径向纵切面：可见管胞呈纵向排列，细胞长梭形，细胞壁上具缘纹孔呈正面观。木射线细胞呈纵切状态，横向排列，能见其壁上有单纹孔；可以见到射线的高度，包括射线上、下两侧的射线管胞(死细胞)，中部的射线薄壁细胞(活细胞)；树脂道多呈纵向分布。

(3)松木材切向纵切面：管胞呈纵向排列，壁上的具缘纹孔呈剖面观；木射线是横切状态，轮廓为梭形，可以见到木射线的高度与宽度，有时可以见到在较大的木射线中，包埋着横向的树脂道。

四、作业与思考题

1. 绘椴树茎横切面的次生结构详图，注明各部分结构的名称。

2. 比较双子叶植物初生结构与次生结构的异同点。

3. 为什么树怕剥皮而不怕空心？

4. 比较裸子植物茎三切面所观察到的茎次生结构的异同点。

实验九　叶的解剖结构

一、目的与要求

1. 掌握并区别单、双子叶植物叶片的结构。

2. 了解植物叶的解剖结构对环境的适应性。

二、仪器与材料

(1)仪器:光学显微镜。

(2)材料:棉花叶片横切片、海桐叶片横切片、水稻叶片横切片、玉米叶片横切片、小麦叶片横切片、夹竹桃叶片横切片、眼子菜叶片横切片等。

三、内容与方法

(一)双子叶植物叶片(两面叶)的解剖结构

取棉花叶片或海桐叶片横切片观察,先在低倍镜下区分叶片的表皮、叶肉、叶脉(主脉和侧脉)3 部分,然后在高倍镜下仔细观察各部分的结构特点(图 1-18)。

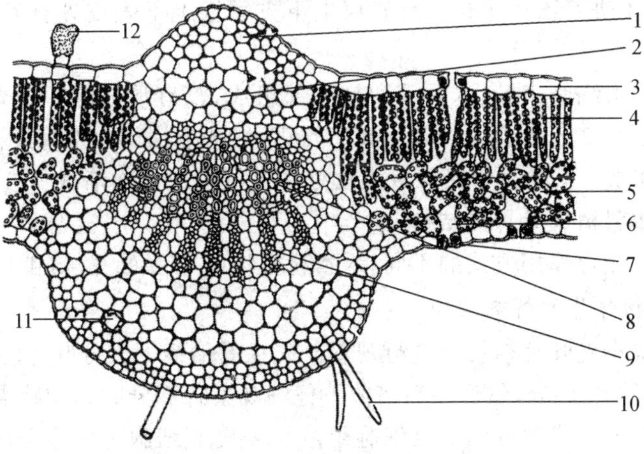

图 1-18　棉花叶横切示双子叶植物叶片结构

(引自徐汉卿《植物学》,1994)

1. 厚角组织　2. 薄壁组织　3. 表皮　4. 栅栏组织　5. 海绵组织　6. 气孔　7. 气孔下室　8. 主脉木质部　9. 主脉韧皮部　10. 表皮毛　11. 分泌腔　12. 腺毛

1. 表皮

整个叶片上下表皮各由一层细胞组成。表皮在横切面上通常为一层无色透明、排列整齐的长方形细胞，表皮细胞外壁覆盖有角质层。在表皮细胞之间可以看到成对的、染色较深的小细胞，是保卫细胞，其间的窄缝即为气孔；下表皮较上表皮气孔多。在表皮上有单生或簇生的表皮毛，还有棒状或椭圆形的多细胞腺毛，它们都染色较深。

2. 叶肉

上下表皮之间具有叶绿体的同化组织，双子叶植物叶多为异面叶，叶肉明显分化为栅栏组织和海绵组织两部分。

栅栏组织：位于上表皮之下，细胞呈长圆柱状，以其长轴与上表皮垂直，细胞排列整齐紧密，细胞内含有较多叶绿体。

海绵组织：位于栅栏组织与下表皮之间，细胞形状不规则，排列较疏松，细胞间隙较大，含叶绿体较少，气孔内方的细胞间隙大，形成气室（也称下室）。

3. 叶脉

在叶片横切面上可见主脉和各级大小不等的侧脉，以主脉最为发达，侧脉逐渐退化直至细脉末梢。

(1)主脉：维管束发达，包括木质部、韧皮部和形成层 3 部分。木质部靠近上表皮，韧皮部靠近下表皮，木质部与韧皮部之间有不甚发达的形成层，其形成层细胞分裂时间短，不进行次生生长。维管束上下方靠近上下表皮处有发达的机械组织和薄壁组织。

(2)侧脉：由维管束鞘、木质部和韧皮部组成，没有形成层。随着侧脉的变小，其木质部和韧皮部逐渐趋于简单化和原始化，细脉末梢仅由维管束鞘包围 1～2 个管胞和筛胞组成。侧脉维管束靠近表皮处的机械组织也逐渐减少直至消失。

(二)禾本科植物叶片的结构

根据叶片光合作用方式的不同，禾本科植物可分为 C_3 植物和 C_4 植物。

1. C_3 植物叶片的解剖结构

取水稻或小麦叶片横切片进行观察。先在低倍镜下区分叶片的表皮、叶肉、叶脉（主脉和侧脉）3 部分，然后在高倍镜下仔细观察各部分的结构特点（图 1-19A）。

(1)表皮：上下表皮各为一层细胞组成。表皮的细胞可明显分为两种类型：一类是泡状细胞（运动细胞），位于两个叶脉之间，细胞较大，常 3～5 个连在一起，呈扇形排列，这类细胞与叶片卷曲减少水分过度蒸发有关；另一类是表皮细胞，表皮由长细胞和短细胞组成。其中，短细胞包括栓细胞和硅细胞。另外，在上下表皮上还可看到两个保卫细胞及其间的气孔，以及保卫细胞外方的副卫细胞。

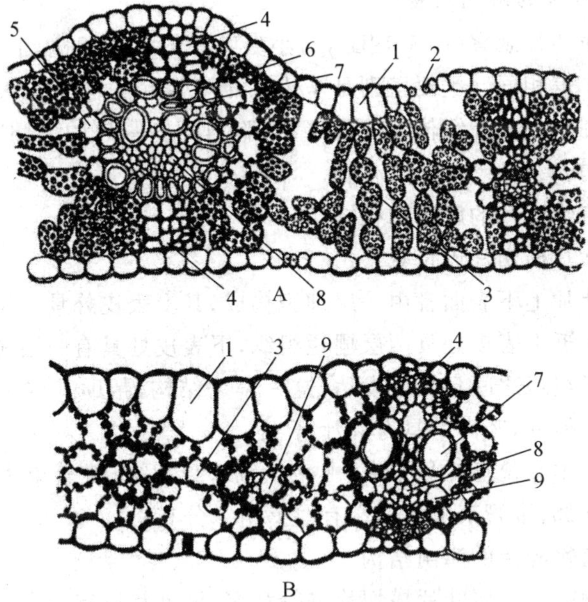

图 1-19 禾本科植物叶片结构

(引自刘穆《种子植物形态解剖学导论》,2010)

A. 小麦叶横切面 B. 玉米叶横切面

1. 泡状细胞 2. 气孔 3. 叶肉细胞 4. 厚壁细胞 5. 外维管束鞘 6. 内维管束鞘 7. 木质部 8. 韧皮部 9. 维管束鞘

(2)叶肉:禾本科植物的叶为等面叶,无栅栏组织与海绵组织的分化。叶肉细胞的壁内叠,细胞间相互嵌合,细胞间隙较小。细胞内含丰富的叶绿体,并沿内叠的细胞壁分布。

(3)叶脉:为平行脉,与泡状细胞相间排列,由维管束鞘、机械组织和维管束组成。

维管束鞘:由 2 层细胞组成,外层细胞大而壁薄,含叶绿体,但所含叶绿体比叶肉细胞中的小而少;内层细胞小而壁厚,没有“花环形”结构。

维管束:主脉处有多个维管束,连接维管束的薄壁细胞大量解体形成发达的通气组织。每个维管束由木质部和韧皮部组成,木质部靠近上表皮,韧皮部靠近下表皮,两者之间无形成层。侧脉的维管束只有 1 个,其结构与主脉维管束一样为有限外韧维管束。

机械组织:在主脉和较粗侧脉的维管束外,靠近表皮处具有发达的机械组织。

2. C_4 植物叶片的解剖结构

取玉米叶横切片观察(图 1-19B),与小麦叶片的结构相比,上下表皮及叶肉细胞情况基本与小麦相同。主要区别是玉米的维管束鞘只有一层大的薄壁细胞,内含个体较叶肉细胞大的叶绿体,这层薄壁细胞与外侧紧邻的一圈叶肉细胞共同组成“花环形”结构。

(三)旱生植物叶片的解剖结构

取罗布麻叶片横切片进行观察。

(1)表皮:叶片上下表面各由一层细胞构成,其上表皮外具一层较厚的角质层。

(2)叶肉:靠近上表皮处具两层栅栏组织,下表皮处具有一层栅栏组织,海绵组织位于上下栅栏组织之间且极不发达,这一旱生结构,帮助其减少水分蒸发,适应荒漠地带气候。另外,叶肉中具有乳汁管。

(3)叶脉:其主脉位于叶片中央,由一个维管束组成,维管束木质部位于上部,而韧皮部位于下部,维管束上下两端有厚壁组织分布。

(四)水生植物叶片的解剖结构

取沉水植物眼子菜属叶片横切片进行观察,可见其没有表皮和叶肉的分化,即表皮细胞亦含叶绿体,功能和叶肉组织一样能进行光合作用,表皮无气孔,亦没有角质层。叶肉极不发达,仅 1 层至数层细胞,没有栅栏组织和海绵组织的分化,是均一的同化组织,胞间隙较大(特别在主脉附近),形成气腔。叶脉很细弱,木质部导管和机械组织极不发达。

四、作业与思考题

1. 绘棉花叶片(包括主脉)横切面详图,注明各部分结构名称。
2. 绘小麦或玉米叶片的横切面图,注明各部分结构名称。
3. 在显微镜下如何判断禾本科植物叶片的上、下表面?
4. 在显微镜下如何从维管束的结构上区别玉米叶片和小麦叶片?
5. 比较分析旱生植物和水生植物叶片在结构上的特点及其对环境的适应。
6. 双子叶植物叶片和禾本科植物叶片的结构有何不同?

实验十　花的解剖结构

一、目的与要求

1. 掌握花药及花粉粒的结构与发育特点。
2. 掌握雌蕊的子房、胚珠和胚囊的结构。

二、仪器与材料

(1)仪器:显微镜。

(2)永久制片:百合花药横切片、百合子房横切片。

三、内容与方法

(一)花药和花粉粒的结构与发育

观察百合成熟花药横切片,可见百合花药横切面由 4 个花粉囊以药隔相连呈蝴蝶形,花药的结构随着花药发育阶段的不同而有所不同。花药的发育过程一般分为 5 个时期:包括造孢组织时期、花粉母细胞时期、二分体和四分体时期、单胞花粉粒时期和成熟花粉粒时期。

1. 造孢组织时期

花药幼小,在横切面上呈蝴蝶形,每侧有两个花粉囊,中部为药隔。此时花粉囊壁层的分化还不甚明显,最外一层是表皮,其组织细胞较小,其内侧为 3～5 层分化不大的薄壁细胞;花粉囊壁层内为药室,充满许多核大、质浓、排列紧密的多边形造孢组织细胞(图 1-20A)。

2. 花粉母细胞时期

由于药室扩大,而造孢组织细胞间的胞间层也解体,故细胞彼此分开,变为核大、质浓、圆形的花粉母细胞,是减数分裂的准备时期,这时花粉囊壁的各层已分化明显。最外层的表皮细胞具角质,有保护功能;紧邻表皮内侧的是一层近于方形的较大细胞,称药室内壁(也有称淀粉层);在药室内壁内侧由 1～3 层较小的、呈切向延长的扁细胞组成,称中层;最内一层是绒毡层,由质浓、核大的长柱状细胞组成,有腺细胞的特点,可向药室内分泌各种物质。

3. 二分体和四分体时期

花粉母细胞已完成了第一次减数分裂,一分为二形成两个相连的细胞,称二分体。同时亦可见到有些花粉母细胞已完成了减数分裂的第二次分裂,形成 4 个小孢子,但仍被包围在共同的胼胝质的壁中,称四分体。此时药室内壁和中层变化不大,而绒毡层细胞由于核裂而出现双核或多核现象(图 1-20B)。

4. 单核花粉粒时期

在药室中,每个四分体的 4 个小孢子已从胼胝质壁中释放出来,成为彼此分离的具有单倍染色体的小孢子,也称单胞花粉粒。此时,花粉囊壁中的绒毡层细胞开始退化,细胞壁出现解体现象,使原生质体彼此联合在一起。

5. 成熟花粉粒时期

单核花粉粒(小孢子)进行一次有丝分裂,形成大小悬殊的 2 个细胞(大的叫营养细胞，小的叫生殖细胞并紧贴着小孢子的壁）。以后生殖细胞离开小孢子的壁，游离到营养细胞的细胞质中渐成为纺锤形。生殖细胞再进行一次有丝分裂，形成2个裸细胞结构的精子，至此成熟花粉粒形成，也就是雄配子体。在花粉粒进行内部发育的同时，花粉粒的壁也逐渐发育出内壁和外壁。内壁薄而柔软，外壁厚而坚硬，具萌发孔或沟。在花粉粒发育趋于成熟时，药壁绒毡层继续退化，完全消失或仅存残余，中层也在退化过程中已基本解体，故此时的花粉囊壁仅存表皮层和药室内壁。此阶段，药室内壁因其细胞壁上出现了明显的带状不均匀加厚而被称为纤维层。与此同时，花药一侧的两个药室之间的隔膜已解体，相互连通成为一体。此外，在药室开裂处可看到有些表皮细胞特化，变成个体较大的、胞质浓厚染色深的薄壁细胞，称唇细胞。一般花药成熟后，就在这两串唇细胞间作纵向开裂，花粉随即由此散出（图 1-20C）。

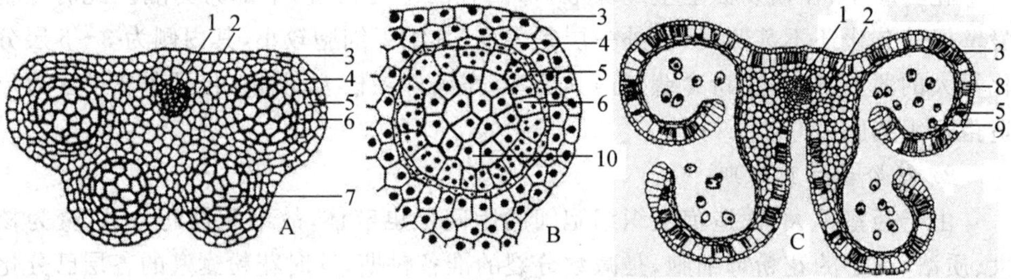

图 1-20　百合花药的发育与结构

（引自李扬汉《植物学》，2006）

A. 未成熟花药　B. 一个花粉囊放大　C. 成熟花药

1. 药隔维管束　2. 药隔薄壁组织　3. 表皮　4. 药室内壁　5. 中层　6. 绒毡层　7. 造孢细胞　8. 纤维层　9. 成熟花粉粒　10. 花粉母细胞

（二）子房、胚珠、胚囊的结构与发育

取百合子房横切片或徒手切片做成临时装片，置显微镜下观察，对照图解，识别子房结构，然后选一个切片较完整的胚珠进行观察，了解胚珠和胚囊的结构。

1. 子房横切面的结构

先观察整个子房横切面结构。横切面上由外向内可以观察到百合子房有3个子房室，它是由3个心皮连合而成的合生雌蕊。相邻子房室之间的部分是相邻2心皮的结合处，是一隔膜，外侧为一凹陷，即腹缝线，其内有一条维管束，是相邻2心皮侧束合并的结果。在每个子房壁中央有一中脉维管束（背束），与其相应的凹陷为背缝线。3心皮向内折卷形成中轴，胚珠着生于中轴上，故称中轴胎座。3个子房室共有6个胚珠，每个子房室中的2个胚珠分别着生在心皮（子房壁）的内侧边缘上。由于胚珠在中轴上的排列整齐又常与中轴呈垂直状态，所以在横切制片上可以看到倒生胚珠的纵切面和 6 个胚珠在同一个面上。因此，实际情况是由于子房细长整个子房包含着 6 行胚珠(图 1-21)。

2. 胚珠纵切面的结构

先在低倍镜下选择一个通过胚珠正中、结构完整的胚珠纵切面，然后换高倍镜仔细观察，识别外珠被、内珠被、珠孔、珠柄、合点、珠心和胚囊等结构(图 1-21)。

(1)珠柄：较粗而短，胚珠以珠柄着生在胎座上。

(2)珠被：有两层珠被，在外方的为外珠被，在内方的为内珠被(靠近珠柄的一侧往往只有一层珠被)。

(3)珠孔：珠被在一端合拢处，留有一狭沟，即珠孔(由于珠孔很窄，正好切到它的机会不多，故在切片上不易见到)。

(4)珠心：位于珠被之内，由薄壁细胞组成。

(5)合点：珠心与珠柄的连接处为合点。

(6)胚囊：在珠心中发育，成熟的胚囊占据珠心的大部分体积。

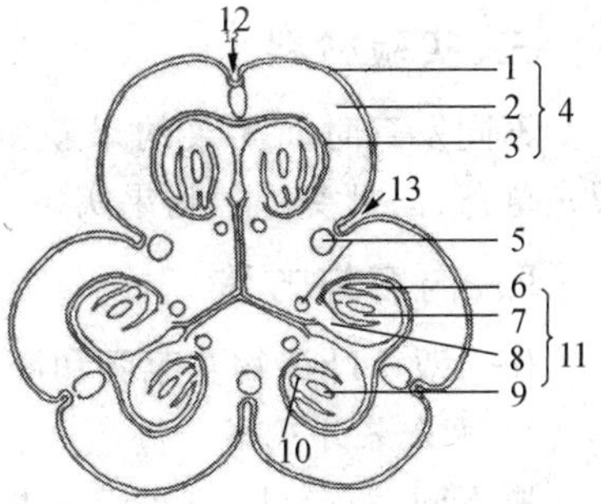

图 1-21　百合子房横切

(引自郑湘如、王丽《植物学》，2007)

1. 外表皮　2. 薄壁组织　3. 内表皮　4. 子房壁　5. 腹束　6. 珠被　7. 珠心　8. 珠柄　9. 胚囊　10. 珠孔　11. 胚珠　12. 背缝线　13. 腹缝线

3. 胚囊的形成与发育

通过百合连续切片做成的幻灯片或示范显微切片，观察胚囊的形成与发育全过程。一个成熟的胚囊包含 7 个细胞，即位于珠孔端的 1 个卵细胞和 2 个助细胞(组成卵器)，合点端的 3 个反足细胞，以及位于胚囊中央的 1 个具两个极核的中央细胞。观察后思考，为什么在一个胚囊内看不到一个完整的八核胚囊?

四、作业与思考题

1. 绘百合花药横切面细胞图，注明各部分结构名称。
2. 绘百合子房横切面简图，注明各部分结构名称。
3. 从生物进化的角度看，花的形成有何生物学意义?

实验十一　胚和胚乳的发育及果实的结构

一、目的与要求

1. 掌握双子叶植物荠菜胚和胚乳发育的基本过程。

2. 掌握果实(真果和假果)的基本结构。

二、仪器与药品

显微镜、载玻片、盖玻片、直尺、镊子和解剖针,5%KOH 溶液。

三、实验材料

不同发育时期荠菜幼果新鲜材料及纵切永久装片,桃、柑橘、花生、苹果(或梨)、草莓、向日葵等植物果实。

四、内容与方法

(一)双子叶植物荠菜胚和胚乳的发育

1. 永久装片观察

取不同发育阶段的荠菜幼果纵切永久装片置于低倍镜下观察,注意观察倒心形角果内处于不同发育阶段的胚珠,特别是其内胚和胚乳的发育(图 1-22)。

(1)原胚阶段:从受精卵分裂形成两个新细胞开始,到胚尚未分化出各种器官的球形胚时期均称为原胚阶段。在原胚阶段,紧贴胚囊珠孔端可见一个高度液泡化的大型细胞,称胚柄基细胞或泡状细胞,在胚柄基细胞上方可见单列细胞组成的胚柄,其是由基细胞经多次横分裂而成。

此时的胚乳为游离核阶段,分布于胚囊的周围,胚囊中央则是大液泡。

(2)分化胚阶段:胚开始逐渐分化出子叶、胚芽、胚根和胚轴等各个器官,直至各器官分化完成,包括心形肚和鱼雷胚时期。在心形胚时期可以看到由球形胚顶端两侧,由于细胞分裂速度较快而形成两个突起,即子叶原基,使得整个胚体呈心形。鱼雷胚时期是在心形胚时期基础上进一步发育而来的,由于子叶原基细胞继续分裂、生长形成两片子叶,子叶基部的胚轴也相应伸长,使得整个胚体呈鱼雷形。以后子叶随着胚囊的形状而发生弯曲,胚柄逐渐退化,仅胚柄基细胞尚比较明显。

观察此时胚乳的发育特点可以发现,靠近胚囊外侧的游离核已产生细胞壁而形成胚乳细胞,而胚囊内侧还有一些没有形成细胞壁的胚乳游离核。

(3)成熟胚阶段:胚明显伸长并已发生弯曲呈马蹄形,在已分化形成的两片肥大的子叶间可以看到明显的小突起,另一端是胚根,中间则是胚轴。

此时,胚乳作为营养物质被消化吸收而退化消失,只残存有部分胚乳细胞。

2. 临时装片观察

采用荠菜胚整体压挤法进行制片观察。此法可对荠菜或其他植物胚的发育进行活体观察,色态自然逼真,方法简便,效果好。选新鲜的不同发育时期、大小不同的荠菜角果,用解剖针或镊子挑出角果内的胚珠(或未成熟的种子),放在载玻片上,滴上一滴 5%KOH 溶液,放置 3～5 min,盖上盖玻片,然后用镊子对准材料轻

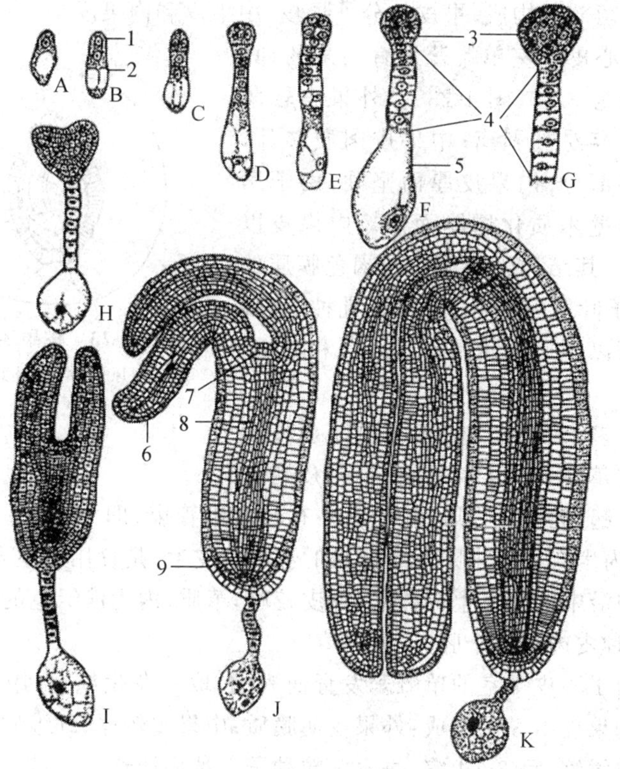

图 1-22　荠菜胚的发育过程

（引自何凤仙《植物学实验指导》，2000）

A. 合子　B. 二细胞原胚　C. 基细胞横裂为二细胞胚柄、顶细胞纵裂为二分体胚体
D. 四分体胚体形成　E. 八分体胚体形成　F,G. 球形胚体形成　H. 心形胚形成
I. 鱼雷形胚形成　J,K. 马蹄形胚体形成，出现胚的各部分结构
1. 顶细胞　2. 基细胞　3. 胚体　4. 胚柄　5. 泡状细胞　6. 子叶
7. 胚芽　8. 胚轴　9. 胚根

轻敲击盖玻片，将胚挤出，然后用吸水纸吸干多余溶液后，将临时装片放在显微镜下观察，识别胚发育的不同时期。

（二）果实的结构

果实可分为真果和假果。真果是完全由子房发育而来的果实，如桃、番茄、柑橘、花生等；而假果是除子房外还有花的其他部分（如花托、甚至整个花序）参与发育而形成，如苹果、梨、草莓、向日葵、菠萝等。

1. 真果的结构

取桃、柑橘、花生的果实观察不同类型真果的结构特点。真果的基本结构均是由果皮和种子两部分构成，果皮又分外果皮、中果皮和内果皮。

桃是由1心皮1室单雌蕊发育而来的，其果皮明显可分为3层(图1-23)。外果皮较薄而柔软，具毛，容易被剥离；中果皮肉质多汁，是食用的主要部分；内果皮厚而坚硬，由子房壁内表面细胞壁木质化增厚而成。内果皮以内为1粒种子，其结构为外面一层褐色膜质的种皮，包裹着子叶肥厚的胚，属无胚乳种子，轻轻剥开子叶可以用放大镜观察到胚芽和胚根，胚轴较短。

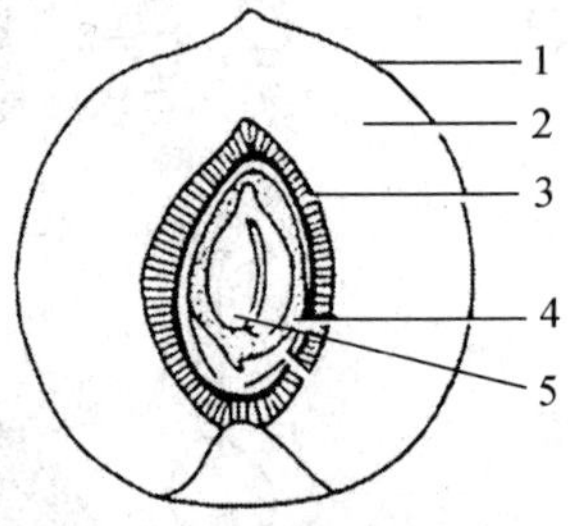

图1-23　桃果实的纵切面

(引自何凤仙《植物学实验指导》，2000)

1. 外果皮　2. 中果皮　3. 内果皮　4. 种子　5. 胚

柑橘是由多心皮中轴胎座的复雌蕊发育而来。外果皮革质，有很多油囊；中果皮与外果皮愈合在一起，无明显界限，较疏松并有较多维管束，即“橘络”；内果皮膜质，分成若干室，向内生有许多内贮大量汁液的囊状表皮毛，是食用的主要部分。内果皮分成的腔室中沿中轴胎座生有种子，种皮较厚，革质，内为淡绿色的胚，因多胚现象的存在，常见种皮内有多个胚。

花生是由1心皮1室的单雌蕊发育而来的，取一花生纵切，用放大镜观察，可以发现花生的果皮由3层构成：外果皮薄膜质；中果皮较厚，纤维质；内果皮为白色薄膜质。果皮缢缩，呈2～4室，每室1粒种子。种皮淡红至红色，薄膜质，无胚乳，子叶肥厚，剥开子叶可见胚芽和胚根。

2. 假果的结构

苹果(或梨)是由下位子房和花筒愈合发育来的肉质假果(图1-24)。花筒与外、中果皮均肉质化，无明显界限，为食用部分；内果皮木质化，常分隔内4～5室，中轴胎座，每室含种子2粒。

草莓果实是由花托和多数离生雌蕊共同发育而来的。红色肉质多汁的食用部分为花托膨大发育而来，花托表面黑色的“籽粒”为离生心皮雌蕊发育而来，是真正意义上的果实。

五、作业与思考题

1. 以荠菜为例，说明双子叶植物胚的发育过程，以及在胚发育的各时期胚乳的相应发育特点。

2. 如何区别真果和假果？

3. 绘制柑橘果实横剖面图，注明各部分结构名称。

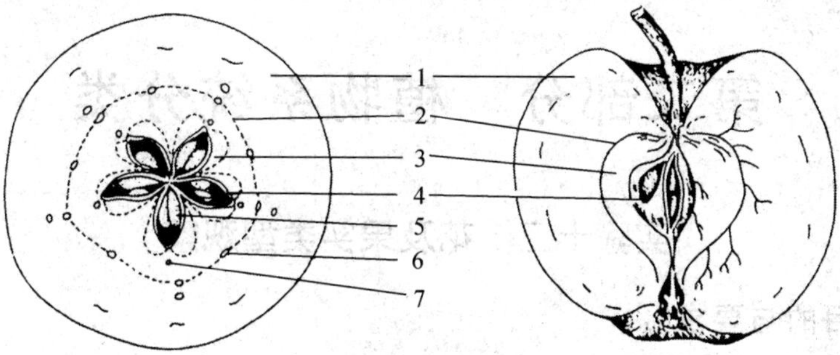

图 1-24　苹果果实的纵切面和横切面

（引自何凤仙《植物学实验指导》，2000）

1. 花筒膨胀大部分　2. 心皮外限　3. 中果皮　4. 内皮果　5. 种子
6. 萼筒维管束　7. 心皮维管束

第二部分　植物系统分类

实验十二　花及果实类型观察

一、目的与要求

1. 通过动手采集实验材料，了解掌握本地常见植物花、花序和果实的形态特征。

2. 通过动手解剖观察，掌握花、花序和果实的组成特点及内部结构特征，并可将观察结果与书本理论知识相结合，自行判断出花序、花冠及果实的类型。

3. 掌握花程式和花图式的书写方法，并能自行解剖写出所采集的各种花的花程式。

4. 通过整个实验过程的实施，培养学生独立发现问题、思考问题和解决问题的能力。

二、仪器与材料

(1)仪器与用具：解剖镜、放大镜、刀片、镊子、解剖针。

(2)材料：学生自己采集准备本地常见花、花序和果实各10种。

三、内容与方法

(一)实验材料的采集和准备

采集材料前要先通过教材对花、花序和果实类型的划分依据有所掌握，如花序的划分主要依据花序轴生长状况、分枝与否、花柄的有无等特征进行；花的类型主要根据其花萼结合与否，花瓣的数目、联合情况、花冠筒长短等，雄蕊的数目和联合情况，雌蕊的心皮数目、心皮联合情况等进行划分；果实类型的划分则依据果皮成熟时的性质、开裂情况、种子数目等特征进行划分。并按照这些划分依据进行实验材料的采集和准备，以保证尽可能多地选择到不同类型的实验材料。

(二)花序、花冠的解剖观察及类型判断

确定所采集材料是单生花还是花序，若为单生花便可直接观察，进行花冠类型的判断；若为花序则需先判断花序类型，若组成花序的花较大，有明显的花瓣，就可再对单朵花进行解剖观察并判断花冠的类型。

1. 花序类型

根据花序主轴(最粗壮且直立)最顶端一朵花开花的先后顺序来判断其是有限

花序或无限花序，若先开放，则可判断其为有限花序，再根据花序轴所产生的分枝数判断其为单歧、二歧或多歧聚伞花序；若顶花后开放，则可判断其为无限花序，再根据花序轴是否有分枝，判断其为简单花序或复合花序（花序轴无分枝即简单花序，花序轴有分枝则为复合花序），最后根据花柄的有无、长短，花序轴柔软或直立或肉质或呈盘状或膨大凹陷等特征，判断其最终花序类型。

2. 花的类型

一朵花的组成，应由外向内逐层进行解剖（必要时借助放大镜或者体视显微镜）观察。在解剖花的同时，还要注意花各组成部分在花中的排列位置及相互关系。

花萼：先看萼片是否结合，然后记数萼片的数目，再描述萼片的颜色、形状及附属物等。

花冠：剥去花萼，观察花瓣数目、花瓣结合情况及花冠筒长短等，判断花冠类型。然后再描述花瓣的颜色、形状及附属物等。同时还要观察花蕾，看花瓣在花芽中的排列方式。

雄蕊群：剥去花瓣，观察雄蕊的数目、结合与否及花丝长短等，判断雄蕊类型，同时观察花药的着生方式和开裂方式等。

雌蕊群：剥去雄蕊，观察雌蕊的数目及结合情况判断出雌蕊的类型。若有多个雌蕊，则雌蕊类型必为离生雌蕊；若仅一个雌蕊，则需要再观察花柱和柱头的情况。花柱或柱头若多裂，则必为复雌蕊；若不裂，还需将子房横切后观察子房室数、心皮和胎座特点，若仅有一个子房室且仅一条缝线着生胚珠，则为单雌蕊，否则为复雌蕊。

（三）花程式和花图式的书写

通过对花的解剖观察，先判断花的“性别”特征（雄花、雌花或两性花），然后根据花瓣大小形状特点判断花的对称方式，再观察花萼、花瓣、雄蕊的数目及联合情况，最后观察雌蕊子房的位置（上位、下位或半下位）、心皮数目和联合情况以及子房室数和每个子房室中胚珠的数目，并将所有观察到的特征用数字和符号或用横剖面简图一一记录下来。

（四）果实的解剖观察及类型判断

先通过果实发育时的特征判断果实类型，若一朵花中只形成一枚果实则为单果，若一朵花中同时产生多个果实则为聚合果，若多朵花（即花序）同时产生一个果实则为聚花果（复果）。聚合果还可以根据每颗小果的特征判断为聚合瘦果、聚合核果或聚合蓇葖果等。单果则要根据果实成熟时果皮性质判断为肉质果或干果，肉质果可再根据心皮数目、胎座特征、种子数目等分为核果、柑果、梨果、浆果、瓠果等;干果根据果皮开裂与否、开裂方式及心皮数目和果皮特征进一步分为荚果、角果、蓇葖果、蒴果及瘦果、坚果、颖果、翅果、分果、双悬果和胞果等。最后可再观察记录果实的形状、大小、颜色、毛被等特征。

四、作业与思考题

1. 通过解剖观察填写下表。

植物名称	花序类型	花冠类型	花程式	果实类型

2. 怎样判断一朵花的雌蕊心皮数目?

实验十三　植物检索表的编制和使用

一、目的与要求

1. 掌握常见类型植物检索表的结构特点和编制方法。
2. 掌握植物检索表的使用方法。

二、仪器与用具

解剖镜、刀片、镊子、解剖针,《新疆高等植物科属检索表》、《 新疆植物志》。

三、实验材料

新疆常见豆科植物(如苦豆子、苦马豆、草木犀、苜蓿等)、十字花科植物(如钝叶独行菜、白菜等)和禾本科植物(如黑麦草、拂子茅等)。

四、内容与方法

(一)植物检索表的结构特点

1. 等距检索表

等距检索表是最常用的一种检索表。在这种检索表中，将每一对相互区别的形态特征分开编排在距离书页左侧相同的距离处，并标以相同的编号，每一对相同的编号在检索表中只能使用一次，每低一级编号退后一字，逐级向右错开，描写行越来越短，直至追寻到目标分类单位(科名、属名或种名)为止。举例如下：

1. 单叶
　2. 花两性；子房上位；角果或蒴果
　　3. 四强雄蕊；角果
　　　4. 花黄色；果熟后开裂 …………………………………… 油菜
　　　4. 花淡红色或紫色；果熟后不开裂；具肉质直根 ………… 萝卜
　　3. 单体雄蕊；蒴果 ……………………………………………… 棉花
　2. 花单性；子房下位；瓠果 ………………………………………… 黄瓜
1. 复叶
　　　　5. 三出复叶；荚果熟后开裂 ………………………………… 大豆
　　　　5. 羽状复叶；荚果熟后不开裂 ……………………………… 花生

2. 平行检索表

将每一对互相区别的形态特征标以同样的编号，并列书写在相邻的两行里，编号虽变但不退格，项末注明应查的下一项编号或分类单位。举例如下：

1. 单叶 ………………………………………………………………… 2
1. 复叶 ………………………………………………………………… 5
2. 花两性；子房上位；角果或蒴果 ………………………………… 3
2. 花单性；子房下位；瓠果 ………………………………………… 黄瓜
3. 四强雄蕊；角果 …………………………………………………… 4
3. 单体雄蕊；蒴果 …………………………………………………… 棉花
4. 花黄色；果熟后开裂 ……………………………………………… 油菜
4. 花淡红色或紫色；果熟后不开裂；具肉质直根 ………………… 萝卜
5. 三出复叶；荚果熟后开裂 ………………………………………… 大豆
5. 羽状复叶；荚果熟后不开裂 ……………………………………… 花生

(二)检索表的使用方法及注意事项

1. 使用方法

从编号为“1”的第一组相对特征查起，对照欲检索植物的特征，仔细分析判断其所在的分支,然后在该分支下紧邻的下一对相对特征继续检索,依此类推,直到出现植物(或类群)名称为止。检索到植物(或类群)名称后,还要针对该名称所描述的植物(或类群)特征与欲检索植物(或类群)的形态特征进行仔细对照比较,若二者确定相符,则可判断检索正确,否则还要重新进行检索。

2. 注意事项

(1)用以检索的植物标本必须是比较完整而具有代表性的。

(2)必须备有必要的解剖用具,如放大镜、镊子、解剖针、刀片、尺子和参考书(如《中国植物志》、《中国高等植物图鉴》或地方植物志)。

(3)尽量选择一个二歧对立性状比较鲜明的检索表查阅。

(4)使用检索表的人必须熟悉植物形态名词术语的含义,并有一丝不苟的耐心和细致解剖观察的工作态度。

(5)检索表中每项相对的两行一般为一对显著对立的特征,但检索时,两行均应查对,搞清楚被检索植物是否的确符合其一而不符合其二。

(6)对于尚不知属于何种类群的植物,要按照分类阶层由大到小的顺序检索,即先检索植物分门检索表,依次再查分纲、分科、分属和分种检索表。

(三)检索表的编制原则和编制方法

编制植物分类检索表的原则很简单,就是二歧原则(两分法),即用非此即彼两相比较的方法区别不同类群或不同种类的植物。将要编制的检索表中需要容纳的所有植物或类群,选用一对以上显著不同的特征,分为两类,每类各包含一定数量的植物或类群;然后从每类中再找出一对相对特征将该类中所包含的植物分成两类,如此下去,直到将每一种植物或类群区别开来。

编制检索表时应注意下列各项:

(1)检索表中应包括所要鉴别的全部植物类群,要列出各类群的比较表。

(2)选择的检索特征应是对立的相反特征,尽量选取肉眼可见的稳定性状,要避免选用仅在野外或仅在标本上能看到的性状。

(3)每次选择相对特征进行分类时,只能选择非此即彼的一对相互区别的特征将植物或类群分成两组,而不能分成 3 组或 4 组,更不能出现一组单独存在的特征,即每一个特征编号都应两两成对出现,而不能出现 3 个及以上相同的编号,更不能只存在一个单独的编号。

(4)每一对相对特征的每一行要尽可能将两组相互区别的特征书写齐全。

(5)描述某一器官或组成部分的特征时,应将被描述的器官或组成部分写在前面,而将特征写在后面。如“叶对生”不能写成“对生叶”,“花蓝色”不能写成“蓝色花”。

(6)特征描述要准确。

(7)检索表编写完成后还要根据以上要求进行检查，如检索表中是否包括了所有要纳入的植物(或类群)，每一组相同的编号是否均两两成对存在，特征描述是否准确等。

五、作业与思考题

1. 用检索表检索 3～5 种植物。

2. 编制一个包含 10～20 种植物的等距检索表。

3. 比较等距检索表和平行检索表结构上的优缺点，并分析编制两类检索表的难点在哪里。

实验十四　低等植物(藻类植物、菌类植物)

一、目的与要求

1. 观察蓝藻门、绿藻门各类型的体型变化及红藻门、褐藻门的代表植物。

2. 观察真菌门各类型的基本构造和一般特征及常见菌类的代表植物。

3. 了解水绵的接合生殖过程。

二、仪器与用具

显微镜、镊子、解剖针、刀片、载玻片、盖玻片等。

三、实验材料

(1)永久装片：念珠藻、衣藻、水绵、黑根霉菌、酵母菌等。

(2)干制标本：海带、紫菜、平菇、香菇、黑木耳等。

四、内容与方法

(一)观察永久装片

1. 念珠藻(*Nostoc* sp.)

念珠藻属蓝藻门。观察念珠藻装片，可见球形或椭圆形单细胞组成的丝状体，有若干条包被在胶质鞘中呈片状或团块状；丝状体中部或两端产生个别形状较大、不含原生质的厚壁细胞，称为异形细胞；两个异形细胞之间由短圆柱状细胞组成的一段，称为藻殖段，断裂后进行营养繁殖(图 2-1)。

2. 衣藻(*Chlamydomonas* sp.)

衣藻属绿藻门。观察衣藻装片，可见多为卵形、圆形或长筒形的单细胞植物体；色素体杯状，其基部有一个淀粉核；细胞最前端有向前伸出的两条鞭毛，鞭毛基部有收缩泡;细胞中央有一个细胞核,圆球形;细胞前部偏一旁有一个红色的半圆形或椭圆形的眼点,为感光器官;具2条等长的鞭毛(图2-2)。

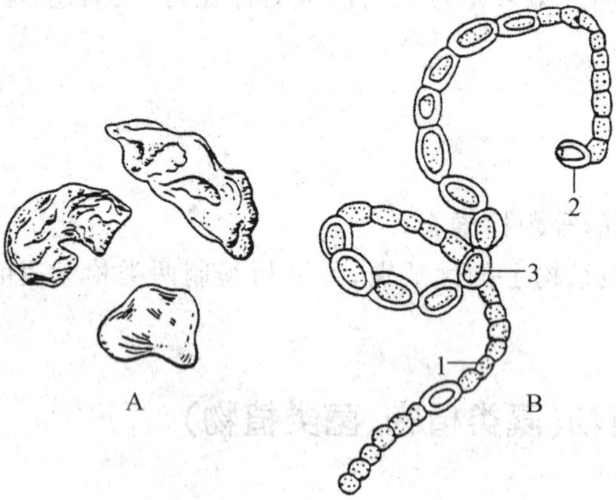

图2-1 念珠藻(*Nostoc* sp.)

(引自贺学礼《植物学实验指导》,2004)

A. 植物体 B. 植物体部分放大

1. 营养细胞 2. 异细胞 3. 厚壁孢子

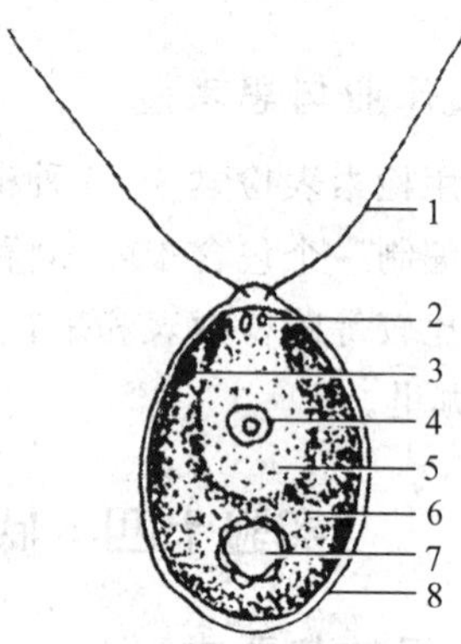

图2-2 衣藻(*Chlamydomonas* sp.)

(引自贺学礼《植物学》,2004)

1. 鞭毛 2. 伸缩泡 3. 眼点 4. 细胞核 5. 细胞质 6. 叶绿体 7. 蛋白核 8. 细胞壁

3. 水绵(*Spirogyra* sp.)

水绵属绿藻门。观察水绵装片,可见多细胞不分枝的丝状体;细胞呈圆柱形,细胞内有1至数条螺旋状弯曲的带状的载色体,每条载色体有多个发亮的造粉核;细胞中有1个大液泡,中央悬着1个细胞核。水绵的有性生殖为接合生殖。两条丝状体并列,在两细胞相对的一侧相互发生突起,突起接触,连成接合管,细胞内的原生质体收缩成配子,其中1条丝状体的配子通过接合管与另1条丝状体的配子结合形成合子。合子减数分裂,形成4个单倍核,其中3个消失,1个萌发形成新的植物体(图2-3)。

4. 匍枝根霉(*Rhizopus stolonife*)

匍枝根霉属真菌门。观察匍枝根霉菌切片,可见菌丝体白色棉絮状,基部有吸收菌丝呈根状分枝,称为假根;假根的上方长出直立菌丝,有匍匐枝相连,多核无隔;孢囊梗直立,梗顶端膨大成孢子囊。成熟孢子囊有黑色的孢子散落出来,落在适宜的基质上可萌发成新的菌丝体(图2-4)。

5. 酵母菌(*Saccharomyces* sp.)

酵母菌属真菌门。观察酵母菌切片,可见菌体为单细胞卵形,内有一个大液泡,细胞核不易观察;营养繁殖时菌体母体中可见芽体(图2-5)。

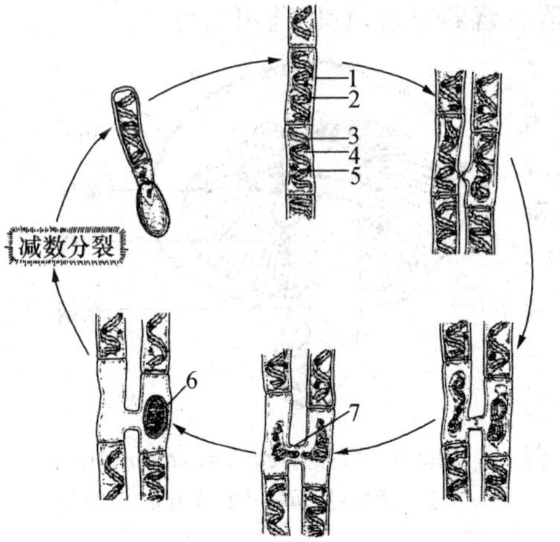

图 2-3　水绵(*Spirogyra* sp.)的生活史

(引自贺学礼《植物学实验实习指导》,2004)

1. 细胞壁　2. 叶绿体　3. 蛋白核　4. 细胞质

5. 细胞核　6. 合子(2*N*)　7. 结合管

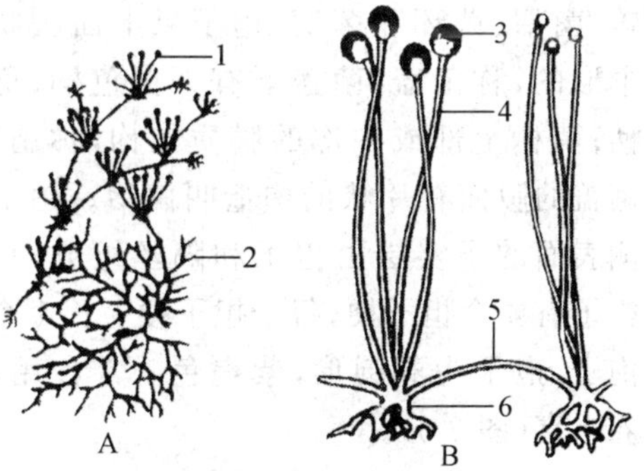

图 2-4　匍枝根霉(*Rhizopus stolonife*)

(引自贺学礼《植物学》,2004)

A. 生长示意图　B. 部分菌丝体

1. 营养菌丝　2. 匍匐菌丝　3. 孢子囊

4. 孢子囊梗　5. 匍匐枝　6. 假根

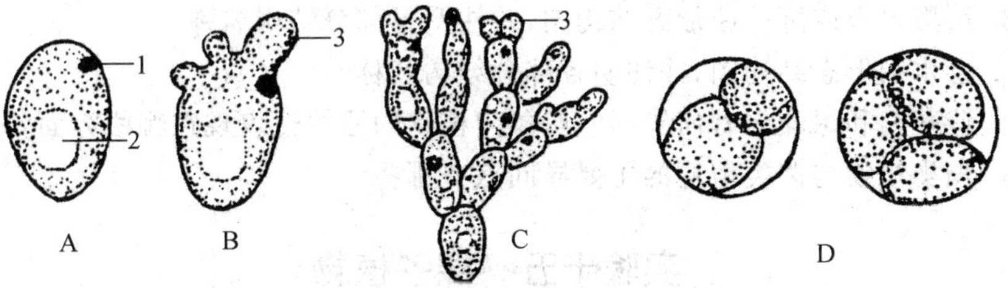

图 2-5　酵母菌(*Saccharomyces* sp.)

(引自贺学礼《植物学实验实习指导》,2004)

A. 单个细胞　B. 出芽　C. 芽细胞形成假菌丝　D. 子囊和子囊孢子

1. 核　2. 液泡　3. 芽孢子

(二)观察干制标本

1. 海带(*Laminaria japonica* Aresh.)

海带属褐藻门,海生叶状体藻类。藻体由固着器、带柄和带片 3 部分组成,固着器是叉状分枝的假根,柄部短而粗,叶片扁平呈带状,内部结构分为表皮、皮层和髓 3 部分。可食用,亦可药用。

2. 甘紫菜(*Pophyra tenera* Kkjellm.)

甘紫菜属红藻门,海生叶状体藻类。由 1～2 层细胞组成,色素体星状,具 1 粒淀粉核，外有胶质层，片状体下面有固着器。营养丰富，食用药用均可。

3. 蘑菇(*Agaricus campestris*)

蘑菇属真菌门。蘑菇子实体包括菌盖、菌褶、菌环和菌柄，担子果上面帽状或伞形的，称菌盖；菌盖下有一白色柄，称菌柄；菌柄上部或中部的膜质结构，称菌环；菌盖的腹面有片状的构造叫菌褶。菌褶两侧表面的子实层由担子和隔丝组成，每个担子有4个担子梗，每个担子梗上长1个担孢子，孢子为椭圆形，紫褐色。常食用，营养丰富(图2-6)。

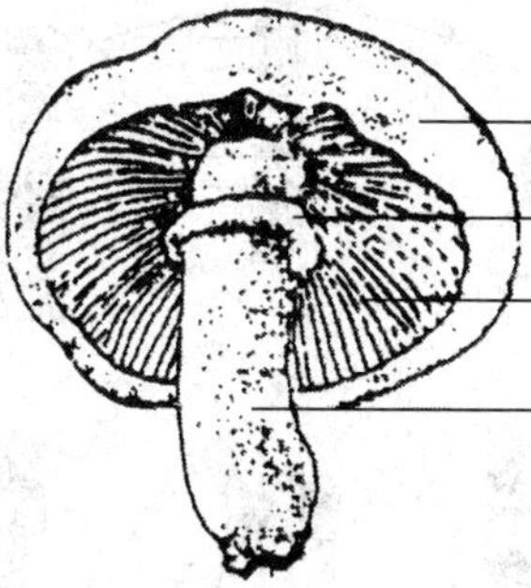

图2-6 蘑菇(*Agaricus campestris*)
(引自关雪莲《植物学实验指导》，2002)

4. 黑木耳(*Auricularia auricula*)

黑木耳属真菌门。子实体薄而有弹性，胶质半透明，常呈耳状或杯状至叶状，红褐色，干后为深褐色。常食用，营养丰富。

五、作业与思考题

1. 绘念珠藻或衣藻形态结构图，并注明各部分结构名称。
2. 绘黑根霉或酵母菌形态结构图，并注明各部分结构名称。
3. 绘水绵形态结构图，并注明各部分结构名称。
4. 蓝藻门和绿藻门有何异同？蓝藻门植物的原始性表现在哪些方面？
5. 藻类植物与菌类植物的主要异同点有哪些？

实验十五 裸子植物

一、目的与要求

1. 掌握裸子植物的一般形态特征。
2. 观察、识别裸子植物常见代表植物。

二、仪器与用具

解剖镜、镊子、解剖针、刀片、载玻片、盖玻片等。

三、实验材料

(1)新鲜材料：银杏、侧柏、圆柏等。

(2)蜡叶标本：新疆方枝柏、蓝枝麻黄、木贼麻黄等。

四、内容与方法

(一)解剖镜观察新鲜材料

1. 银杏(*Ginkgo biloba* L.)

仅有银杏目银杏科银杏属银杏(*G*. biloba L.)1 种,为我国特有,国家一级保护植物。取银杏新鲜枝条观察,为落叶乔木。有长枝与短枝,叶在长枝上螺旋状散生,短枝上簇生;叶扇形,二裂,具长柄,二叉脉序。孢子叶单性,雌雄异株(图2-7)。

2. 侧柏(*Platycladus orientalis*(L.)Franco)

取侧柏具花、果的新鲜枝条观察,为常绿乔木。小枝扁平排成一平面;鳞叶交互对生,排成 4 列。雌雄球花同株,生于短枝顶端,雄球花黄色,卵圆形,有 6 对交互对生的小孢子叶;雌球花近球形,深绿色被白粉,有 4 对交互对生的珠鳞,仅中间 2 对具 1～2 胚珠。球果蓝绿色被白粉,当年成熟,熟后种鳞木质张开,近扁平,先端下方有 1 弯曲的小尖头;种子卵圆形无翅(图 2-8)。

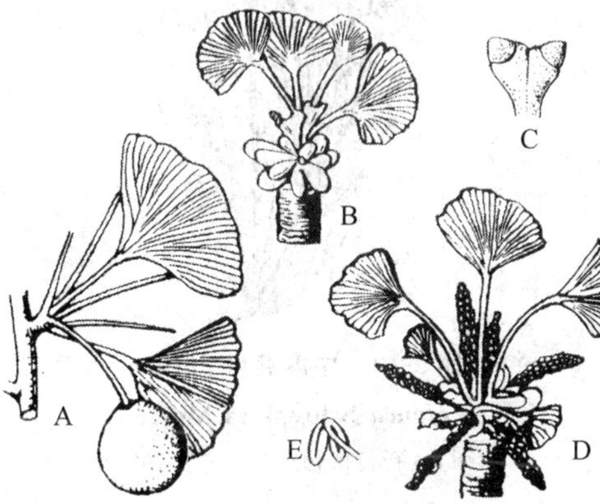

图 2-7 银杏(*Ginkgo biloba* L.)

(引自贺学礼《植物学》,2004)

A. 长、短枝及种子 B. 着生大孢子叶球的短枝 C. 大孢子叶球 D. 着生大孢子叶球的短枝 E. 小孢子叶

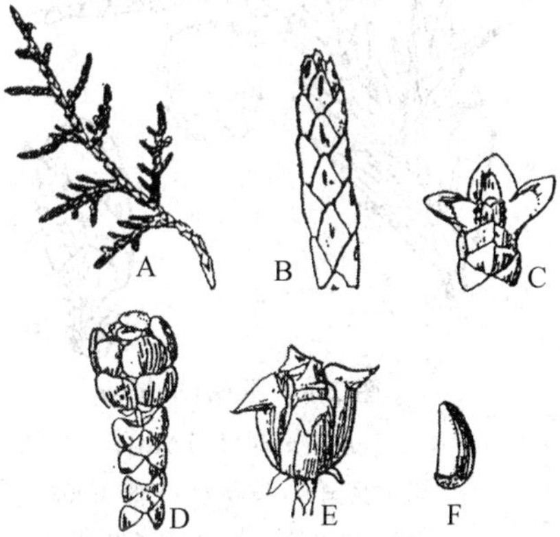

图 2-8 侧柏(*Platycladus orientalis* (L.)Franco.)

A,B. 营养枝 C. 小孢子叶 D. 大孢子叶 E. 果实 F. 种子

3. 圆柏(*Sabina chinensis* (L.)Ant.)

取圆柏具花、果的新鲜枝条观察,为常绿木本。幼树之叶为刺叶,老树之叶为刺叶或鳞叶,或两者兼有,鳞叶交互对生,刺叶通常 3 叶轮生,基部下延。雌雄球花异株,生于短枝顶端,雄球花黄色,椭圆形;雌球果圆球形,种鳞肉质愈合,不开裂,2～3 年成熟,暗褐色;种子卵圆形无翅(图 2-9)。

(二)观察蜡叶标本

1. 新疆方枝柏(*Sabina pseudosabina*(Fisch. et Mey.)Cheng et W. T. Wang)

匍匐灌木。侧枝斜展或直立,小枝被交互对生的干枯鳞叶,鳞叶脱落后,小枝呈灰色或灰红褐色;末回小枝全由草质鳞叶组成,易脱落,四棱形;鳞叶呈菱形,顶端钝,内弯,背腺长圆形,居中部。球花单性异株,雌球果黑色,被白粉;含 1 粒种子,卵圆形。

图 2-9 圆柏(*Sabina chinensis*(L.)Ant.)

(引自吴国芳《植物学》下册,2003)

A. 球果枝 B. 大孢子叶球

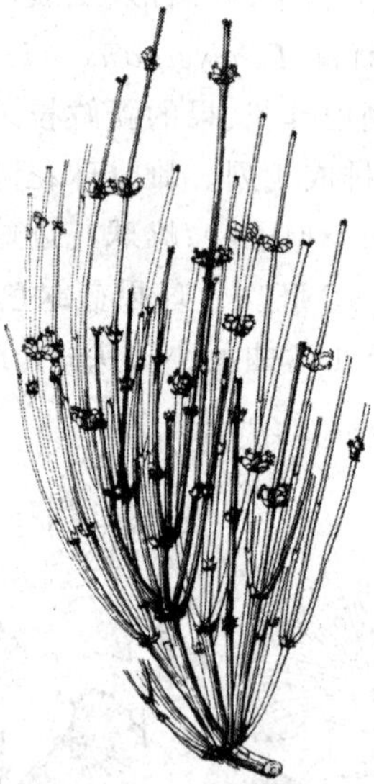

图 2-10 中麻黄(*Ephedra glauca* Schrenk ex Mey.)

(引自《新疆植物志》第一卷,1992)

2. 中麻黄(*Ephedra intermedia* Schrenk ex Mey.)

小灌木,节上对生或轮生出当年生小枝,当年生枝几相互平行向上,淡灰绿色,密被蜡粉,光滑;叶片 2 枚,连合成鞘状。雌雄异株;雄球花对生或轮生于节上,内含 3 朵花,具膜质假花被;雌球花常对生,具 3～4 对苞片;雌球花成熟时,苞片红色,包在外面,呈浆果状;含 2 粒种子(图 2-10)。

3. 木贼麻黄(*Ephedra equisetina* Bunge)

灌木,多分枝,成对发出 2 枚侧枝,当年生小枝淡绿色,纤细,光滑;叶片 2 枚退化成膜质,连合成鞘筒。雌雄异株。雄球花常单生或 3～4 簇生节上,具 3～4 对苞片,膜质假花被;雌球花常 2 个对生,具 3 对苞片;雌球花成熟时,苞片发育成红色肉质,包在外面,呈浆果状;含 1 粒种子。

五、作业与思考题

1. 绘侧柏枝叶形态图，并注明各部分名称。

2. 绘银杏叶和果实形态图，并注明各部分名称。

3. 绘蓝枝麻黄茎叶形态图，并注明各部分名称。

4. 与蕨类植物相比较，裸子植物在形态和结构上出现哪些特征而更加适应陆生生活？

实验十六　被子植物分科(一)

——木兰科、毛茛科、石竹科、藜科

一、目的与要求

1. 掌握木兰科、毛茛科、石竹科、藜科植物的主要形态特征。

2. 观察、识别木兰科、毛茛科、石竹科、藜科常见代表植物。

二、仪器与用具

解剖镜、镊子、解剖针、刀片、载玻片、盖玻片等。

三、实验材料

(1)新鲜材料：芍药、毛茛、石竹、繁缕、菠菜、藜、灰绿藜、木地肤、盐地碱蓬、盐生草等。

(2)蜡叶标本：玉兰、紫玉兰、鹅掌楸等。

四、内容与方法

(一)木兰科 Magnoliaceae

1. 形态特征

木本，树皮、叶和花有香气。单叶互生，全缘或浅裂；托叶大，包被幼芽，脱落后在小枝上留下环状托叶痕。花大，单生于枝顶或叶腋；两性，整齐，花托伸长或突出；花被呈花瓣状，3 基数，多轮；雄蕊多数离生，螺旋状排列于柱状花托的下部，花药长，花丝短，花药 2 室，纵裂；雌蕊多数离生，螺旋状排列于柱状花托的上部，每心皮含胚珠 1 至多数。聚合蓇葖果或带翅的聚合坚果，花托于果时延长。种子胚小，有丰富的胚乳。

2. 常见代表植物

(1)玉兰(*Magnolia denudata* Desr.)：落叶乔木。幼枝上留有环状托叶痕。花大顶生，白色，花先叶开放；花被 3 轮，共 9 枚；每心皮有胚珠 1～2。聚合蓇葖果,背缝线开裂(图 2-11)。

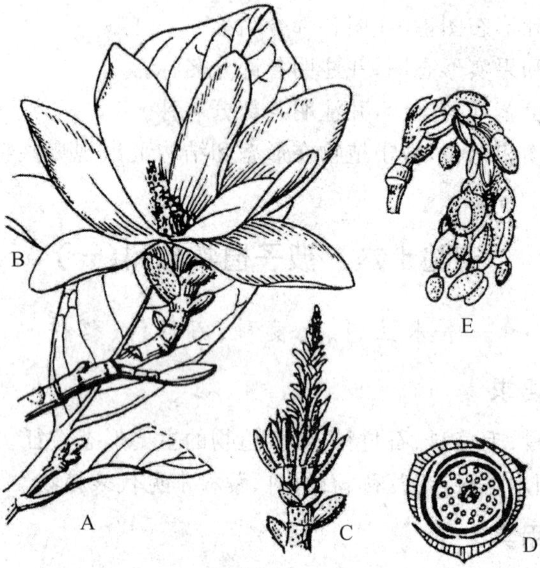

图 2-11　玉兰(*Magnolia denudata* Desr.)

(引自贺学礼《植物学实验实习指导》,2004)

A. 叶枝　B. 花枝　C. 雄蕊群和雌蕊群　D. 花图式　E. 果实

(2)鹅掌楸(*Liriodendron chinense* (Hemsl.)Sarg.):又名马褂木。落叶乔木。叶 3 裂片,中间裂片顶端截形。花顶生;萼片 3,花瓣 6,内花被片黄色。聚合翅果,果翅先端钝或钝尖。

(二)毛茛科 Ranunculaceae

1. 形态特征

草本,稀为灌木或木质藤本。叶互生或基生,稀对生,掌状或羽状分裂,或为 1 至多回三出或羽状复叶,极少全缘。花两性,稀单性,辐射对称或两侧对称,单生或排成各种花序;萼片 3 至多数,常花瓣状;花瓣 3 至多数;雄蕊多数分离;心皮多数,离生,螺旋状排列于膨大的花托上,子房上位,胚珠多数至 1 个。聚合蓇葖果或聚合瘦果,稀浆果。种子有胚乳。

2. 常见代表植物

(1)毛茛(*Ranunculus japonicus* Thunb.):取毛茛具花、果新鲜枝条观察,为多年生草本。基生叶 3 深裂或 3 浅裂。花单生或成聚伞花序;花瓣 5,黄色,基部具 1 鳞片状蜜腺,萼片 5;雄蕊、雌蕊均多数离生。聚合瘦果成头状(图 2-12)。

(2)芍药(*Paeonia lactiflora* Pall.):取芍药具花、果新鲜枝条观察,为多年生宿根草本。叶为二回三出复叶。花大型,美丽;萼片3～5,花瓣5～13;雄蕊多数离生;心皮3～5个,离生。聚合蓇葖果。

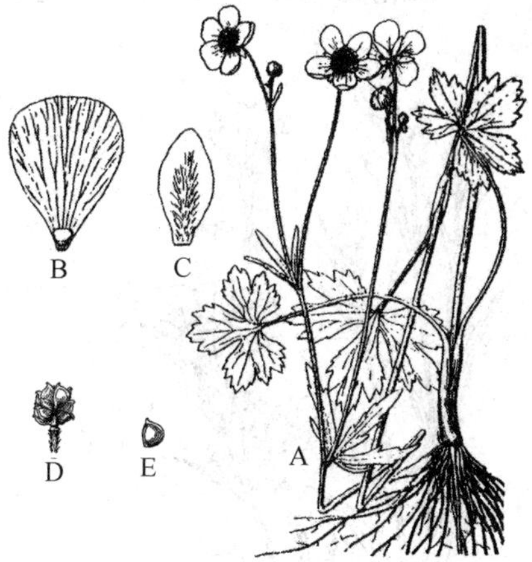

图2-12　毛茛(*Ranunculus japonicus* Thunb.)

(引自郑湘如《植物学》,2006;贺学礼《生物学实验实习指导》,2004)

A. 植株　B. 花瓣　C. 花萼　D. 聚合果　E. 瘦果

(三)石竹科 Caryophyllaceae

1. 形态特征

草本,茎节常膨大。单叶对生,全缘。花两性,辐射对称,单生或组成聚伞花序;萼片4～5,分离或结合成筒状,常宿存;花瓣4～5,常有爪;雄蕊2轮8～10枚或1轮4～5枚;雌蕊2～5心皮合生,子房上位,特立中央胎座或基生胎座,1室,下半部为中轴胎座,花柱2～5,胚珠多数。蒴果,顶端齿裂或瓣裂;种子具各式雕纹,胚弯曲包围外胚乳。

2. 常见代表植物

(1)石竹(*Dianthus chinensis* L.):取石竹具花、果新鲜枝条观察,为多年生草本。花单生或聚伞花序;花萼圆筒状,具5齿;花瓣5,顶端齿裂,花色多样;雄蕊10,2轮;花柱2。蒴果圆筒形或长圆形,顶端4齿裂或瓣裂(图2-13)。

(2)繁缕(*Stellaria media*(L.)Cyrill):取繁缕具花、果新鲜植株观察,为一年生草本。茎细弱,叶卵形。顶生聚伞花序;花萼分离,花瓣5,白色,2深裂达基部,无瓣柄;雄蕊通常10;子房1室,花柱3。蒴果瓣裂。

(四)藜科 Chenopodiaceae

1. 形态特征

多为草本,常具粉粒状物。单叶互生,常肉质,无托叶。花常密集簇生,形成穗状或圆锥状花序;花小,两性花,萼片2～5裂,常为绿色,花后常增大而宿存,无花瓣;雄蕊与萼片同数而对生;子房上位,胚珠1个。胞果,包于宿存萼内,胚弯曲或螺旋状,具外胚乳。

2. 常见代表植物

(1)菠菜(*Spinacia oleracea* L.):取菠菜具花、果新鲜植株观察,为一年或两年生草本。茎直立中空。叶三角状卵形或戟形。花单性异株,雄花花萼4～5深裂,雄蕊 4～5;雌花无花被,具 2 苞片。胞果藏于苞片内,2 刺,卵形或近圆形。

图 2-13　石竹(*Dianthus chinensis* L.)

(引自贺学礼《植物学实验实习指导》,2004)

A. 植株　B. 花瓣　C. 雄蕊群和雌蕊群

D. 苞片、萼筒和蒴果

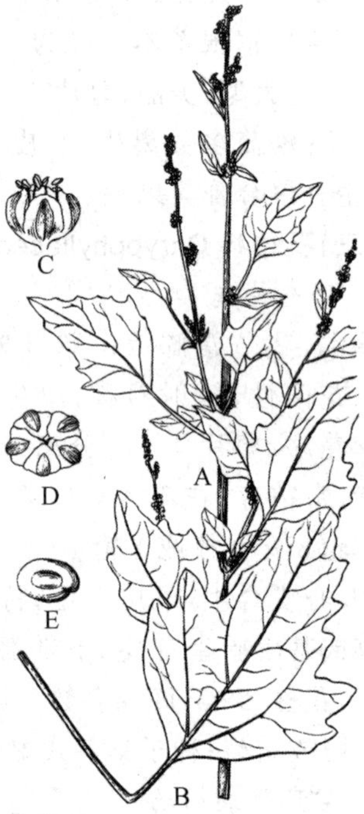

图 2-14　藜(*Chenopodium album* L.)

(引自富象乾《植物分类学》,2006)

A. 植株　B. 叶　C. 花

D. 带宿存花被的果实　E. 种子

(2)藜(*Chenopodium album* L.):取藜具花、果新鲜植株观察,为一年生草本。茎直立,有棱和绿色或紫红色的条纹,多分枝。叶互生,具长柄,叶菱状卵形,卵状三角形,上面光滑,下面被白粉。数花集成腋生或顶生的圆锥花序,花两性,花被片 5,边缘膜质,雄蕊 5,花柱 2,分离。胞果包于花被内,果皮薄(图 2-14)。

(3)灰绿藜(*Chenopodium glaucum* L.):取灰绿藜具花、果新鲜植株观察,为一年生草本,常有粉粒。叶上面淡绿,下面灰白色。花两性,柱头 2 裂。胞果扁球形,果皮膜质。

(4)木地肤(*Kochia prostrata*(L.)Schrad.):取木地肤具花、果新鲜植株观察,为一年生草本。茎多分枝,单叶互生,扁平呈线形或条状披针形,常具明显的 3 条主脉,多无柄。花小两性,常单生或两朵生于叶腋,无花梗,无苞片,萼 5 裂内曲,果时有横生翅膜质。胞果扁球形,果皮膜质(图 2-15)。

(5)盐地碱蓬(*Suaeda salsa*(L.)Pall.):取盐地碱蓬具花、果新鲜植株观察,为一年生草本,绿色或紫红色。茎直立,圆柱状,有条棱,上部多分枝。叶线形或条状半圆形,先端尖或微钝,肉质无柄。花杂性,2～5朵簇生于叶腋(图2-16)。

图2-15　木地肤(*Kochia prostrata*(L.)Schrad.)

(引自《新疆植物志》第二卷第一分册,1994)

A. 植株　B. 果时花被

图2-16　盐地碱蓬(*Suaeda salsa*(L.)Pall.)

(引自《沙漠植物志》第一卷,1985)

A. 枝　B. 叶　C. 果时花被

(6)盐生草(*Halogeton glomeratus*(Bieb.)C. A. Mey.):取盐生草具花、果新鲜植株观察,为一年生草本。茎直立,基部分枝,茎和枝条通常带紫红色。叶肉质圆柱形,互生,叶基扩大,半抱茎。花杂性,4～6朵簇生于叶腋。果实球形。

五、作业与思考题

1. 写出毛茛、石竹、灰绿藜等植物的花程式。
2. 绘藜和盐地碱蓬花形态图,并注明各部分名称。
3. 绘以上6种藜科植物叶形态图。
4. 什么叫胞果?

实验十七　被子植物分科(二)

——锦葵科、葫芦科、杨柳科、十字花科

一、目的与要求

1. 掌握锦葵科、葫芦科、杨柳科、十字花科植物的主要形态特征。
2. 观察、识别锦葵科、葫芦科、杨柳科、十字花科常见代表植物。

二、仪器与用具

解剖镜、镊子、解剖针、刀片、载玻片、盖玻片等。

三、实验材料

(1)新鲜材料:陆地棉、锦葵、蜀葵、黄瓜、南瓜、西瓜、油菜、萝卜、荠菜、宽叶独行菜、球果群心菜、遏蓝菜等。

(2)蜡叶标本:新疆杨、毛白杨、胡杨、灰叶胡杨、垂柳、旱柳、圆头柳等。

四、内容与方法

(一)锦葵科 Malvaceae

1. 形态特征

草本或灌木,茎皮韧皮纤维发达。单叶,互生,掌状分裂或全缘,具托叶,早落。花两性,辐射对称,单生或簇生叶腋;萼片常5枚,基部合生或分离,萼外常具由苞片变成的副萼;花瓣5片,旋转状排列,近基部与雄蕊管贴生;雄蕊多数,为单体雄蕊,花药1室纵裂,花粉粒大具刺;子房上位,由2至多心皮合生,中轴胎座,3至多室,每室胚珠1至多数。蒴果或分果,种子有胚乳。

2. 常见代表植物

(1)陆地棉(*Gossypium hirsutum* L.):取陆地棉具花、果新鲜枝条观察,为一年生草本至亚灌木。叶阔卵形,掌状分裂。花大,白色、黄色,单生于枝端;副萼片3,边缘7~9齿,叶状。蒴果3~5瓣,背缝开裂,种子密被白色长棉毛(图2-17)。

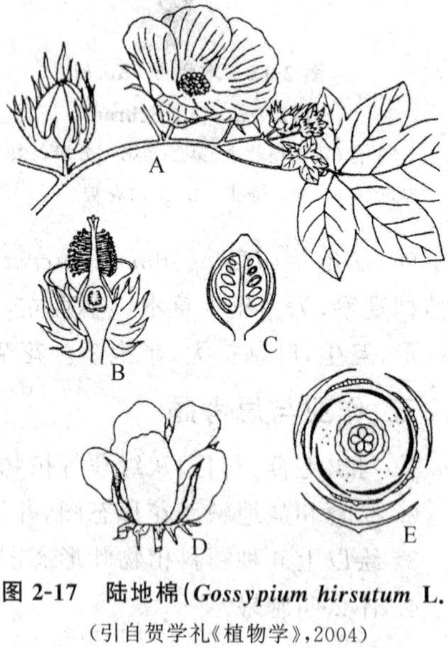

图2-17　陆地棉(*Gossypium hirsutum* L.)

(引自贺学礼《植物学》,2004)

A. 花果枝　B. 花纵切　C. 子房纵切

D. 蒴果　E. 花图式

(2)锦葵(*Malva sinensis* Cavan.):取锦葵具花、果新鲜植株观察,为一年生草本。叶肾形,5～7浅裂。花大,蓝紫色或白色,单生或簇生叶腋;副萼3,线形。分果圆盘状,成熟时与中轴分开,种子肾形。

(3)蜀葵(*Althaea rosea*(L.)Cavan.):取蜀葵具花、果新鲜枝条观察,为二年生直立草本,高达2 m,全体被柔毛。花大型,单生叶腋或成顶生总状花序;花冠漏斗状,花色多样;副萼6～9,合生;心皮约30枚或更多。分果盘状。

(二)葫芦科 Cucurbitaceae

1. 形态特征

草质藤本,常具侧生茎卷须,具双韧维管束。单叶互生,多掌状分裂,无托叶。花单性,雌雄同株或异株,单生或为总状、聚伞和圆锥花序;花萼筒状或钟状,5裂;花冠合生,5裂;雄蕊5枚,常两两结合,1枚分离而形似3枚,花药常"S"形弯曲,聚药雄蕊;雌蕊由3心皮合生1室,子房下位,侧膜胎座,胚珠多枚,柱头3裂。瓠果,肉质或最后干燥变硬,不开裂、瓣裂或周裂;种子多数,常扁平,无胚乳。

2. 常见代表植物

(1)黄瓜(*Cucumis sativus* L.):又名胡瓜。取黄瓜具花、果新鲜枝条观察,为草质藤本。茎卷须不分枝。雌花单生或雄花簇生;花冠阔钟形,黄色,5深裂。瓠果圆柱形,果皮粗糙,常具刺尖瘤状突起(图2-18)。

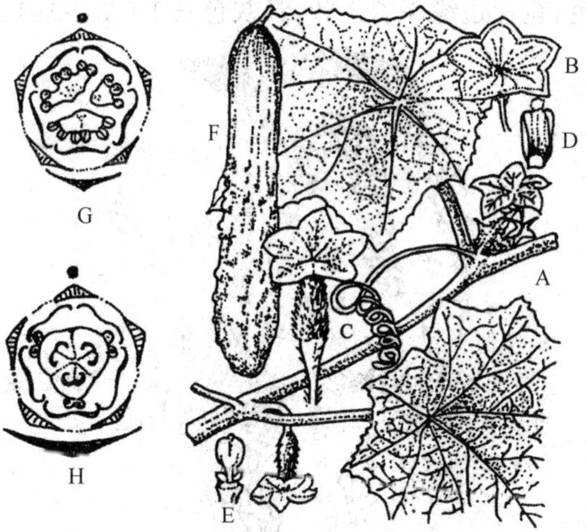

图2-18　黄瓜(*Cucumis sativus* L.)

(引自贺学礼《植物学实验实习指导》,2004)

A. 植株　B. 雄花　C. 雌花　D. 雄蕊群　E. 雌蕊群

F. 果实　G. 雄花花图式　H. 雌花花图式

(2)西瓜(*Citrullus lanatus*(Thunb.)Matsu. et Nakai):取西瓜具花、果新鲜枝条观察,为草质藤本。卷须分枝。叶羽状深裂。花淡黄色。瓠果大型,平滑,肉质。

(三)杨柳科 Salicaceae

1. 形态特征

落叶乔木。单叶互生,有托叶。花单性,多为雌雄异株,葇荑花序,花常先叶开放;每花基部具1苞片,无花被,有由花被退化而来的花盘或蜜腺;雄花具2至多数雄蕊;雌花子房上位,1室,由2个合生心皮组成,侧膜胎座。蒴果,2~4瓣裂,种子小,具有由珠柄上长出的许多长柔毛。

2. 常见代表植物

(1)新疆杨(*Populus alba* var. *pyramidalis* Bge.):取新疆杨具花、果的新鲜枝条观察,为乔木,树皮青绿色,光滑不裂。幼叶两面具厚绒毛,老叶仅背面具白毛,暗绿色,无光泽;叶缘5~7裂或大牙齿状,叶脉掌状,叶基截形,叶柄扁平弯向一边,两侧具盘状腺体。花序下垂,每穗90~100小花;每雄花具6~8枚雄蕊,花药红色,有花盘,苞片褐色,边缘具齿,有白柔毛。

(2)毛白杨(*Populus tomentosa* Carr.):取毛白杨具花、果的新鲜枝条观察,为乔木,树皮淡绿色。幼叶较大,上面暗绿色,有光泽,下面有灰白色绒毛,老则变光;叶片三角状卵形,先端渐尖,基部稍心形或近圆形,边缘有裂,叶柄扁平。雄花具8枚雄蕊,花药暗红色,苞片边缘深裂齿状,具灰色长毛(图2-19)。

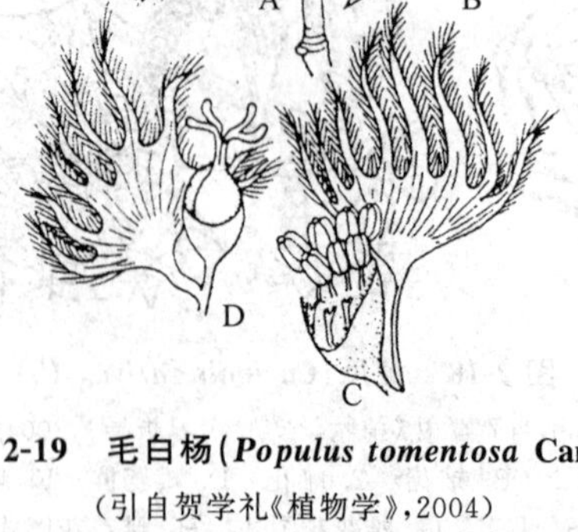

图2-19 毛白杨(*Populus tomentosa* Carr.)

(引自贺学礼《植物学》,2004)

A. 花枝 B. 叶 C. 雄花 D. 雌花

（3）胡杨（*Populus euphratica* Oliv.）：取胡杨具花、果的新鲜枝条观察，为乔木。叶形多变化，幼树及长枝叶披针形、条状披针形，有短柄；老树及短枝叶广卵形、菱形、肾形或扇形，边缘多有齿，叶柄较长。雄蕊多数，花药暗红色，苞片边缘细裂。蒴果长椭圆形，3～4 瓣裂（图 2-20）。

（4）垂柳（*Salix babylonica* L.）：取垂柳具花、果的新鲜枝条观察，为乔木。枝条细长下垂，叶线状披针形或矩圆形，叶缘细锯齿，基部歪斜，两面无毛。雄花 2 枚雄蕊，具 2 枚腺体；雌花 1 枚腺体，黄色透明，苞片披针形。

（5）旱柳（*Salix matsudana* Koidz.）：取旱柳具花、果的新鲜枝条观察，为乔木。枝条直立或开展，叶披针形，叶缘具小锯齿，上面沿中脉生绒毛，下面具白色绢毛。雄花 2 枚雄蕊，雄花和雌花均具 2 枚腺体，苞片卵形（图 2-21）。

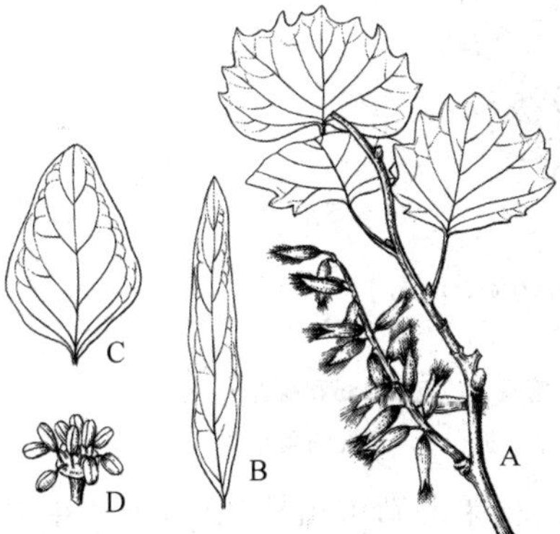

图 2-20　胡杨（*Populus euphratica* Oliv.）

（引自富象乾《植物分类学》，2006）

A. 果枝　B，C. 叶的几种形状　D. 雄花

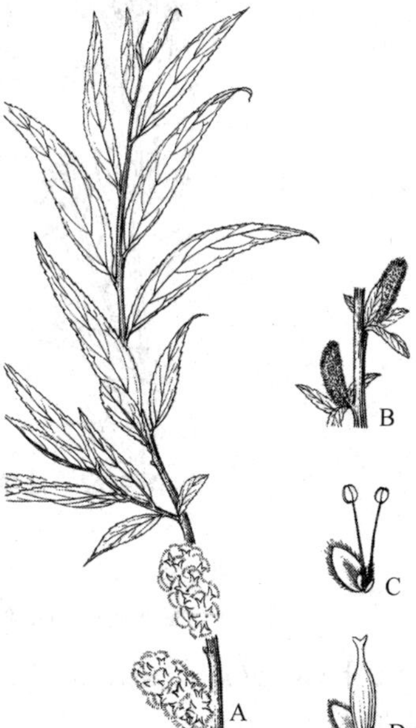

图 2-21　旱柳（*Salix matsudana* Koidz.）

（引自富象乾《植物分类学》，2006）

A. 果枝　B. 雄花序　C. 雄花　D. 雌花

（6）圆头柳（*Salix matsudana* f. *umbraculifera* Rehd.）：取圆头柳具花、果的新鲜枝条观察，为乔木。枝条开展斜上，树冠圆形；叶披针形，叶缘具小锯齿。雌花序具 3 枚披针形小叶片，雌花具 1 枚腺体，苞片卵形，下部具短柔毛；雄花不详。

(四)十字花科 Cruciferae

1. 形态特征

草本。异型叶,基生叶莲座状,茎生叶互生。花两性,萼片、花瓣各 4,十字形花冠;四强雄蕊,雌蕊由 2 心皮组成,具假隔膜,子房上位,侧膜胎座。角果。

2. 常见代表植物

(1)油菜(*Brassica campestris* L.):取油菜具花、果的新鲜植株观察,为一年生草本。基生叶椭圆形,大头羽状分裂,密被刺毛;茎生叶提琴形或披针形,基部心形抱茎,全缘或有波状细齿。总状花序,花黄色,雄蕊 6 枚,花丝基部有 4 个腺体。长角果具喙(图 2-22)。

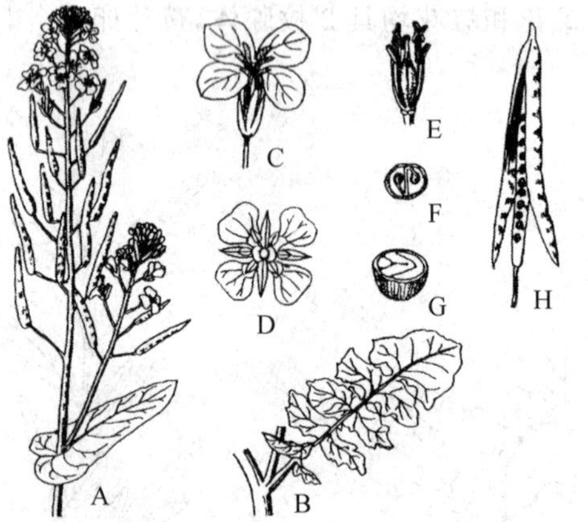

图 2-22 油菜(*Brassica campestris* L.)

(引自强盛《植物学》,2008)

A. 果花枝 B. 基生叶 C. 花 D. 花俯视观 E. 雄蕊和雌蕊
F. 子房横切面观 G. 种子横切,示子叶对折 H. 开裂的角果

(2)萝卜(*Raphanus sativus* L.):取萝卜具花、果的新鲜植株观察,为一年生草本,肉质根发达。叶大头羽裂,顶端裂片特大。总状花序,花淡紫色。长角果不裂,先端具长喙。

(3)荠菜(*Capsella bursa-pastoris*(L.)Medic.):取荠菜具花、果的新鲜植株观察,为一年生草本,植株多被星状毛。基生叶莲座状,大头羽状分裂;茎生叶抱茎。总状花序,花小,白色。短角果倒三角形或倒心形,种子多数(图 2-23)。

(4)钝叶独行菜(*Lepidium obtusum* Basin.):取宽叶独行菜具花、果的新鲜枝条观察,为多年生草本。茎直立,上部分枝;单叶,矩圆状披针形或卵状披针形,叶缘有粗锯齿。总状花序,花小,白色,萼片短。短角果圆形或卵形,每室 1 粒种子(图 2-24)。

图 2-23　荠菜(*Capsella bursa-pastoris* (L.) Medic.)

(引自贺学礼《植物学实验实习指导》,2004)

A. 植物　B. 花　C. 果实

图 2-24　钝叶独行菜(*Lepidium obtusum* Basin.)

(引自《新疆植物志》第二卷第二分册,1995)

A. 果枝　B. 植株下部

(5)球果群心菜(*Cardaria chalepensis*(L.)Hand-Mazz.):取球果群心菜具花、果的新鲜枝条观察,为多年生草本。茎直立,全株被单毛;叶卵状披针形,叶缘有牙齿,基部抱茎。总状花序,花小,白色。短角果膨胀,球形,不开裂,每室 1～2 粒种子。

(6)遏蓝菜(*Thlaspi arvense* L.):取遏蓝菜具花、果的新鲜植株观察,为一年生草本。茎生叶倒披针形或矩圆形,基部抱茎。总状花序密集呈伞房状,花小白色。短角果圆卵形,具宽翅,开裂。

五、作业与思考题

1. 写出陆地棉、黄瓜、油菜、胡杨等植物的花程式。
2. 绘柳属植物雌花和雄花形态图,并注明各部分名称。

3. 什么是异型叶？请说明十字形花冠、四强雄蕊、长角果或短角果、侧膜胎座、假隔膜的含义。

实验十八　被子植物分科(三)

——蔷薇科、豆科、伞形科

一、目的与要求

1. 掌握蔷薇科、豆科、伞形科植物的主要形态特征。

2. 观察、识别蔷薇科、豆科、伞形科常见代表植物。

二、仪器与工具

解剖镜、镊子、解剖针、刀片、载玻片、盖玻片等。

三、实验材料

新鲜材料：月季、玫瑰、疏花蔷薇、黄刺玫、苹果、红果山楂、榆叶梅、桃、合欢、皂荚、洋槐、紫穗槐、毛刺槐、苦豆子、白车轴草、紫花苜蓿、黄花草木犀、国槐、乌拉尔甘草、骆驼刺、胡萝卜、芹菜等。

四、内容与方法

(一)蔷薇科 Rosaceae

1. 形态特征

草本、灌木或乔木。单叶或复叶，常具托叶。花两性，辐射对称，花托突起或下陷呈杯状、壶状或浅盘状的花筒，花下位、周位或上位；萼裂片、花瓣常为5片；雄蕊多数；雌蕊有1至多个心皮，分离或连合；上位或下位子房。果实为核果、梨果、瘦果或蓇果。

2. 常见亚科及代表植物

Ⅰ绣线菊亚科(Spiraeoideae)：灌木，多无托叶，花筒微凹成盘状，心皮常5，分离，子房上位，果实为开裂的蓇葖果。

三裂绣线菊(*Spiraea trilobata* L.)：灌木。叶片近圆形，先端钝，常3裂，基部圆形，两面无毛。伞形花序具总梗，花瓣宽倒卵形，雄蕊多数，短于花瓣。果实为开裂的蓇葖果。

Ⅱ蔷薇亚科(Rosoideae)：灌木或草本，多为羽状复叶或深裂，互生，托叶发达，花托凸起或花筒壶状；心皮多数，离生，子房上位，聚合瘦果或聚合核果。

(1)月季(*Rosa chinensis* Jacq.)：取月季具花、果的新鲜枝条观察，为直立灌木，小枝常具钩状皮刺。奇数羽状复叶，小叶3～5枚，表面光滑，托叶大，边缘具腺毛。花红色或玫瑰色,重瓣。蔷薇果卵圆形或梨形,红色。

(2)玫瑰(*Rosa rugosa* Thunb.):取玫瑰具花、果的新鲜枝条观察,为直立灌木,茎多皮刺和刺毛。奇数羽状复叶,小叶 5～9 枚,表面多皱,背面有短柔毛和腺体。花单生或数朵聚生,花紫红色,单瓣。

(3)疏花蔷薇(*Rosa laxa* Retz.):取疏花蔷薇具花、果的新鲜枝条观察,为灌木,枝无刺毛。羽状复叶,小叶无皱折,托叶宽,具开展的耳。花单生或伞房花序,花瓣白色或基部淡黄色,花萼 5 裂,结果时宿存,蔷薇果圆球形,红色(图 2-25)。

(4)黄刺玫(*Rosa xanthina* Lindl.):取黄刺玫具花、果的新鲜枝条观察,为灌木。小枝紫褐色,具扁平而直立的皮刺。奇数羽状复叶,小叶 7～13 枚,宽卵形或近圆形,边缘有钝锯齿,托叶小,下部与叶柄相连。花单生,无苞片,花瓣黄色,重瓣,萼片 5,全缘;雄蕊多数。蔷薇果近球形,红褐色,萼片宿存(图 2-26)。

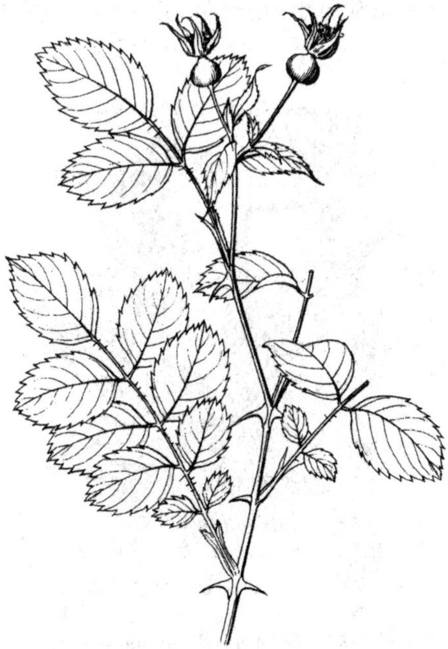

图 2-25 疏花蔷薇(*Rosa laxa* Retz.)

(引自《新疆植物志》第二卷第二分册,1995)

图 2-26 黄刺玫(*Rosa xanthina* Lindl.)

(引自《新疆植物志》第二卷第二分册,1995)

Ⅲ苹果(梨)亚科(Pomoideae):乔木,单叶互生,有托叶;萼片、花瓣各 5;雄蕊多数;心皮 2～5,合生,子房下位,梨果。

(1)苹果(*Malus pumila* Mill.):取苹果具花、果的新鲜枝条观察,为落叶乔木。叶椭圆形或卵形,叶基常近圆形或宽楔形,叶缘锯齿圆钝,幼时两面被短柔毛,后期脱落。3～7朵花组成伞房花序，花白色或微红色，梨果常扁球形，两端微凹，直径在4 cm以上(图2-27)。

(2)辽宁山楂(*Crataegus sanguinea* Pall.)：取辽宁山楂具花、果的新鲜枝条观察，为乔木，常具枝刺。单叶互生，常具3～5裂片，托叶大。伞房花序，花白色，花药紫红色，梨果红色，直径1 cm，萼片宿存。

Ⅳ李(梅)亚科(Prunoideae)：灌木或小乔木，单叶互生，有托叶；花筒杯状，单雌蕊，子房上位，核果。

(1)榆叶梅(*Amygdalus triloba*(Lindl.)Ricker)：取榆叶梅具花、果的新鲜枝条观察，为灌木。叶宽椭圆形至倒卵形，先端常3裂，叶缘有不等的粗重锯齿。花1～2朵腋生，先叶开放，粉红色，花梗短或无。核果近球形，红色，有沟，被毛。

(2)桃(*Amygdalus persica* L.)：取桃具花、果的新鲜枝条观察，为乔木。叶卵状披针形或椭圆状披针形，边缘单锯齿，较钝。花常单生，粉红色，几无柄。核果卵球形，被绒毛(图2-28)。

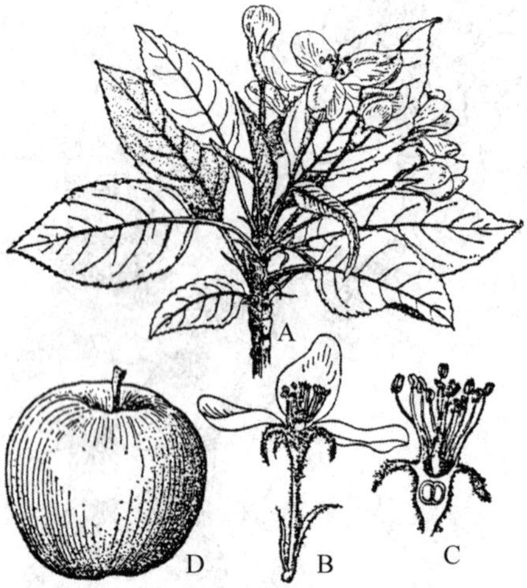

图2-27　苹果(*Malus pumila* Mill.)

(引自贺学礼《植物学实验实习指导》,2004)

A. 花枝　B,C. 花　D. 梨果

图2-28　桃(*Amygdalus persica* L.)

(引自强胜《植物学》,2008)

A. 花枝　B. 果枝　C. 花纵切

D. 花药　E. 核

(二)豆科 Leguminosae

1. 形态特征

乔木，灌木或草本；常有根瘤。三出或羽状复叶，稀单叶，互生，具托叶；叶枕发达。花辐射对称或两侧对称，花序有总状花序、头状花序、穗状花序；花两性，萼片、花瓣各5，花冠多为蝶形或假蝶形；雄蕊通常10枚，二体雄蕊或单体雄蕊，子房上位，边缘胎座。荚果有各种形状，通常沿背腹两个缝线开裂。

2. 常见亚科及代表植物

Ⅰ含羞草亚科(Mimosoideae)：多木本，二回羽状复叶，花辐射对称，花瓣镊合状排列，基部常结合，雄蕊不定数到多数，荚果具有次生横隔膜。

合欢(*Albizia julibrissin* Durazz.)：取合欢具花、果新鲜枝条观察，为乔木。二回羽状复叶，小叶20～26对。头状花序，花瓣、萼片小，辐射对称，各5个，基部联合；雄蕊多数，花丝细长，淡红色。荚果扁平，不开裂(图2-29)。

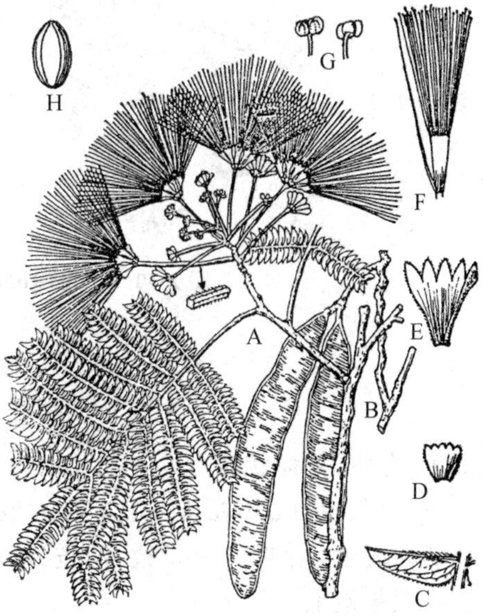

图 2-29　合欢(*Albizia julibrissin* Durazz.)

(引自吴国芳《植物学》下册，2003)

A. 花枝　B. 果枝　C. 小叶　D. 花萼　E. 花冠　B，F. 雄蕊和雌蕊　G. 花药　H. 种子

Ⅱ云实亚科(Caesalpinioideae)：木本，少草本，通常偶数羽状复叶，稀单叶，花两侧对称，花瓣常成上升覆瓦状排列，即最上一瓣在内，形成假蝶形花冠；雄蕊10或较少，多分离，荚果。

皂荚(*Gleditsia sinensis* Lam.)：取皂荚具花、果的新鲜枝条观察，为乔木，具枝刺，刺常分枝。偶数羽状复叶，小叶4～8对，叶背有毛。总状花序腋生，花杂性，黄白色，花瓣、萼片均4。荚果带形，厚，外果皮为厚木质，可代肥皂。

Ⅲ蝶形花亚科(Faboideae)：草本，灌木，乔木和藤本，根部具根瘤。羽状复叶或三出复叶，稀单叶，具托叶，花序种种，花两性，蝶形花冠，雄蕊通常10枚，二体雄蕊，雌蕊花柱与子房成一定角度，荚果有各种形状。

(1)洋槐(*Robinia pseudoacacia* L.)：取洋槐具花、果的新鲜枝条观察，为乔木，树皮褐色。奇数羽状复叶，具托叶刺，小叶7～25枚，小叶有柄。总状花序腋生，花白色，萼筒上有红色斑纹，旗瓣外反，基部有黄色斑点。荚果扁平带状(图2-30)。

(2)紫穗槐(*Amorpha fruticosa* L.)：取紫穗槐具花、果的新鲜枝条观察，为灌木。羽状复叶，小叶11～25枚，具腺点。穗状花序集生于枝条上部，花冠紫蓝色，旗瓣心形或倒卵形，缺少翼瓣和龙骨瓣；雄蕊10，每5个一组，伸出花冠外。荚果

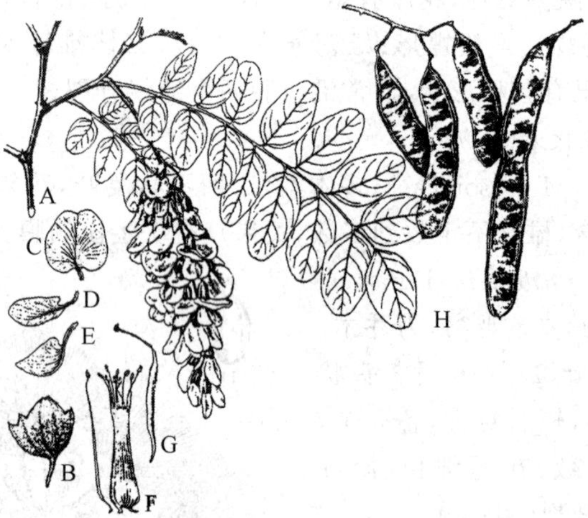

图 2-30　洋槐(*Robinia pseudoacacia* L.)

(引自贺学礼《植物学实验实习指导》,2004)

A. 花枝　B. 花萼　C. 旗瓣　D. 翼瓣　E. 龙骨瓣

F. 雄蕊群　G. 雌蕊群　H. 荚果

棕褐色,弯曲,具瘤状腺点。

(3)毛刺槐(*Robinia hispida* L.):取毛刺槐具花、果的新鲜枝条观察,为灌木。奇数羽状复叶,小叶 7～11 枚,幼枝、叶轴和花序轴均具红色硬毛。总状花序,花红色。荚果被毛。

(4)苦豆子(*Sophora alopecuroides* L.):取苦豆子具花、果的新鲜枝条观察,为多年生草本,被毛。奇数羽状复叶,小叶 11～25 枚,托叶钻形。总状花序顶生,花黄色,花萼钟状具毛,旗瓣向外反卷;雄蕊 10 分离。荚果念珠状,密生短细毛(图 2-31)。

(5)白车轴草(*Trifolium repens* L.):取白车轴草具花、果的新鲜植株观察,为多年生草本,茎匍匐。三出掌状复叶,小叶倒卵形或倒心形,托叶抱茎。头状花序,花白色蝶形。荚果小,不开裂,椭圆形几乎完全包于萼内。

(6)紫花苜蓿(*Medicago sativa* L.):取紫花苜蓿具花、果的新鲜枝条观察,为多年生草本,主根发达。三出羽状复叶,小叶椭圆形,小叶缘锯齿位于上部叶尖。总状花序腋生,花紫色。荚果螺旋形扭曲 1～4 圈。

(三)伞形科 Umbelliferae

1. 形态特征

草本,常含挥发性油而具异味。茎常有棱,中空。叶互生,多为羽状复叶或裂叶,叶柄基部膨大或呈鞘状抱茎。伞形或复伞形花序；花小，两性，5 基数，多辐射对称；花萼 5，很小或不明显；花瓣 5；雄蕊 5，与花瓣互生；2 心皮，子房下位，2 室，每室 1 胚珠，花柱 2，基部膨大成上位花盘。双悬果，成熟时由 2 心皮合生面分离成，两个分果的心皮柄相连而倒悬，果皮上具 5 条纵棱或翅及刺，或平滑；种子胚小。

2. 常见代表植物

(1)胡萝卜(*Daucus carota* var. *sativa* Hoffm.)：取胡萝卜具花、果新鲜枝条观察，为二年生草本，具肥大肉质直根。2～3 回羽状裂叶。复伞形花序，总苞片叶状，羽状分裂；萼齿不明显，花瓣 5，白色或淡黄色。果略背腹压扁，具刺毛(图 2-32)。

图 2-31　苦豆子(*Sophora alopecuroides* L.)

(引自《新疆植物志》第三卷，2011)

A. 花枝　B. 果枝

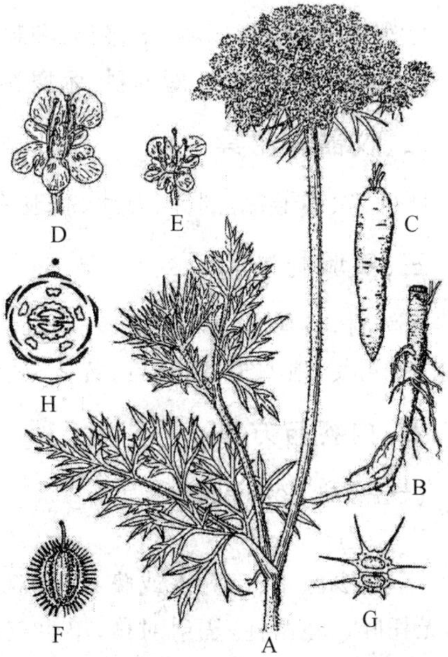

图 2-32　胡萝卜(*Daucus carota* var. *sativa* Hoffm.)

(引自华东师范大学《植物学》下册，1982)

A. 植株及伞形花序　B. 根　C. 肉质根

D. 中心花　E. 边缘花　F. 果实

G. 果实横切　H. 花图式

(2)芹菜(*Apium graveolens* L.):取芹菜具花、果新鲜植株观察,为一年或二年生草本。茎直立,全株无毛,具棱角和沟纹。基生叶1～2回羽状全裂,茎生叶3全裂。复伞形花序,花绿白色。果近圆形至椭圆形,果棱尖锐。

五、作业与思考题

1. 绘黄刺玫花枝形态图。
2. 绘洋槐花纵剖图,并注明各部名称。
3. 绘合欢、洋槐、紫花苜蓿和苦豆子4种植物荚果的形态图。

实验十九　被子植物分科(四)

——茄科、唇形科、木犀科、菊科

一、目的与要求

1. 掌握茄科、唇形科、木犀科、菊科植物的形态特征。
2. 观察、识别茄科、唇形科、木犀科、菊科常见代表植物。

二、仪器与用具

解剖镜、镊子、解剖针、刀片、载玻片、盖玻片等。

三、实验材料

新鲜材料:茄、龙葵、薄荷、一串红、紫丁香、小叶白蜡、连翘、小叶女贞、向日葵、菊花、刺儿菜、顶羽菊、蒲公英、苦苣菜、乳苣、田野苦荬菜等。

四、内容与方法

(一)茄科 Solanaceae

1. 形态特征

草本,少灌木、小乔木或藤本,具双韧维管束。单叶全缘、分裂或羽状复叶,互生,无托叶。花两性,辐射对称,单生或为聚伞花序;花萼常5裂,宿存,有时果期膨大;花冠5裂,辐射状、钟状或漏斗状;雄蕊5,着生于花冠筒上,与花冠裂片同数互生;有花盘,2心皮,子房上位,中轴胎座,2室,稀为假隔膜分成3～5室,胚珠多数。浆果或蒴果。

2. 常见代表植物

(1)茄(*Solanum melongena* L.):取茄具花、果新鲜枝条观察,为草本,全株被星状毛。单叶。花单生,花冠辐状或浅钟状。浆果紫色或白色(图2-33)。

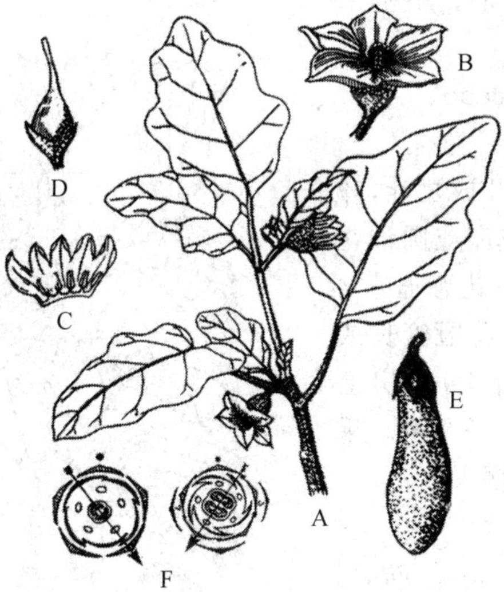

图 2-33　茄(*Solanum melongena* L.)

(引自周云龙《植物生物学》,1999)

A. 茎叶　B. 花　C. 花萼和雄蕊

D. 花萼和子房　E. 果实

F. 花图式

(2)龙葵(*Solanum nigrum* L.):取龙葵具花、果新鲜植株观察,为一年生草本,多分枝。叶卵形。花序腋外生,花白色。浆果黑色。

(二)唇形科 Labiatae

1. 形态特征

草本稀灌木,乔木,常含芳香油。茎四棱形;单叶,稀复叶,对生或轮生,无托叶。腋生聚伞花序构成轮伞花序,花两性,两侧对称,稀近辐射对称;花萼 5 裂或近二唇形,宿存;花冠 5 裂,稀 4 裂,二唇形;雄蕊 4 枚,二强或有时退化成 2 枚,着生于花冠筒上;下位花盘全缘或 2~4 裂;雌蕊 2 心皮,子房上位,常 4 裂成 4 室,每室 1 胚珠,柱头 2 裂。果为 4 个小坚果。

2. 常见代表植物

(1)薄荷(*Mentha haplocalyx* Briq.):取薄荷具花、果新鲜枝条观察,为多年生草本,具根状茎。叶两面有毛,叶背有腺点。轮伞花序腋生,花淡紫色;花萼 5 裂,花冠 4 裂;雄蕊 4。全草有强烈香气。

(2)一串红(*Salvia splendens* Ker.-Gawl.):取一串红具花、果新鲜植株观察,为草本。叶卵圆形。轮伞花序,2~6 花组成顶生总状花序,苞片卵圆形,红色;花萼、花冠均红色，二唇形。小坚果椭圆形(图 2-34)。

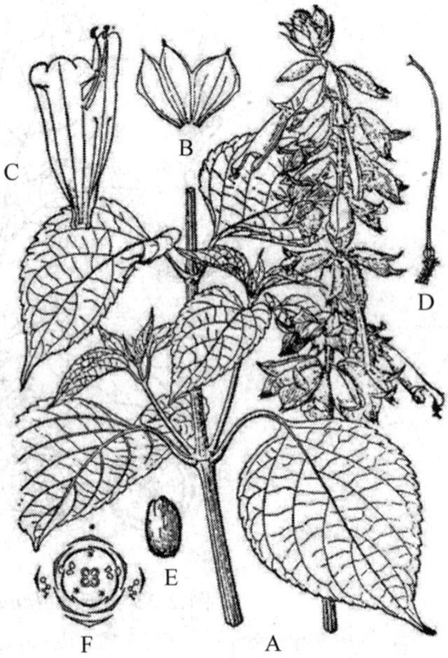

图 2-34　一串红(*Salvia splendens* Ker.-Gawl.)

(引自《中国高等植物图鉴》第三分册，1983)

A. 植株上部　B. 花萼　C. 花冠和雄蕊

D. 雌蕊　E. 果实　F. 花图式

(三)木犀科 Oleaceae

1. 形态特征

乔木或灌木。单叶或复叶，叶对生，无托叶。聚伞花序或圆锥花序，花两性，辐射对称；花萼通常 4 裂，花瓣 4，合瓣花冠，花冠管长或短；雄蕊 2，心皮 2，合生，子房上位，2 室，每室有胚珠 1～3 枚。果为核果、蒴果、浆果或翅果。

2. 常见代表植物

(1)紫丁香(*Syringa oblata* Lindl.)：取紫丁香具花、果新鲜枝条观察，为灌木，小枝光滑。单叶对生，叶卵形或广卵形，无毛。圆锥花序，花两性，常蓝紫色，花冠筒细长，具卵形钝尖；雄蕊 2 枚，冠生，子房上位，2 室，柱头 2 裂。蒴果(图 2-35)。

(2)小叶白蜡(*Fraxinus sogdiana* Bunge)：取小叶白蜡具花、果新鲜枝条观察，为落叶乔木。奇数羽状复叶，对生于去年生枝上，小叶 7～13 枚，卵形、披针形或窄披针形。圆锥花序，2～3 花轮生，无花冠，雄蕊 2。翅果矩圆形。

(3)连翘(*Forsythia suspensa*(Thunb.)Vahl)：取连翘具花、果新鲜枝条观察，为落叶灌木。叶对生，单叶或 3 小叶，卵形至长圆状卵形，中上部边缘有粗锯齿。花金黄色，1～3 朵腋生，先叶开放，先端 4 深裂。蒴果狭卵圆形，种子有翅。

(4)女贞(*Ligustrum lucidum* Ait.)：取女贞具花、果新鲜枝条观察，为常绿灌木。单叶对生，叶革质。圆锥花序顶生，花小白色。核果(图 2-36)。

(四)菊科 Compositae

1. 形态特征

草本，稀灌木，有的植物具有乳汁。叶互生，稀对生、轮生，无托叶。头状花序，花序的基部有总苞；头状花序可再集成总状、穗状、伞状或圆锥状的复花序。头状花序有的全为舌状花或管状花；有的头状花序边花为舌状，而盘花为管状花；花两性或单性，少有中性，辐射对称或两侧对称，花萼常退化成冠毛或鳞片；雄蕊 5 枚，花药相互连接成为聚药雄蕊；雌蕊 2 心皮，合生，子房下位，1 室，1 胚珠。瘦果。

图 2-35　紫丁香(*Syringa oblata* Lindl.)
（引自贺学礼《植物学》，2004）
A. 花枝　B. 花　C. 花程式

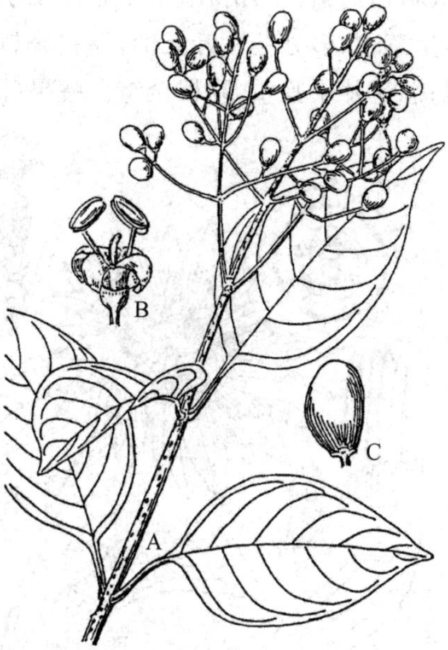

图 2-36　女贞(*Ligustrum lucidum* Ait.)
（引自贺学礼《植物学实验实习指导》，2004）
A. 果枝　B. 花　C. 果实

2. 常见亚科及代表植物

Ⅰ.管状花亚科(Carduoideae)：头状花序全为管状花，或既有管状花又有舌状花，植物体无乳汁。

(1)向日葵(*Helianthus annuus* L.)：取向日葵具花、果新鲜植株观察，为一年生草本。茎直立，不分枝，具粗壮短硬毛。单叶互生，卵形具长柄。头状花序大型，外有几层叶状苞片组成的总苞；花托边缘有一圈黄色舌状中性花，内由多数棕紫色管状两性花组成，5 片花瓣结合成筒状，聚药雄蕊，2 心皮组成 1 室，1 胚珠。瘦果倒卵形(图 2-37)。

(2)菊花(*Dendranthema morifolium*(Ramat.)Tzvel.)：取菊花具花、果新鲜枝条观察，为多年生草本，基部木质。叶卵形，有缺刻及锯齿。头状花序边缘多舌状花，中央多管状花。著名观赏花卉，品种极多。

(3)刺儿菜(*Cirsium setosum*(Willd.)MB.)：取刺儿菜具花、果新鲜枝条观察，为多年生草本，具横走的根状茎。单叶互生，全缘，边缘具刺状齿。头状花序全为管状花,总苞苞片多层,花序托有刺毛;雌、雄花细管状,5 裂,花冠紫红色。瘦果椭圆形,冠毛羽毛状。

(4)顶羽菊(*Acroptilon repens*(L.)DC.):取顶羽菊具花、果新鲜枝条观察,为多年生草本,多分枝。叶无柄,羽状分裂或具齿。头状花序异性,边花为中性,盘花两性;总苞片干膜质,附器全缘。瘦果(图 2-38)。

图 2-37　向日葵(*Helianthus annuus* L.)

(引自贺学礼《植物学实验实习指导》,2004)

A. 花枝　B. 花序纵剖　C. 管状花　D. 管状花纵切

E. 花图式　F. 聚药雄蕊　G. 舌状花　H. 瘦果

图 2-38　顶羽菊(*Acroptilon repens*(L.)DC.)

(引自《中国沙漠植物志》第三卷,1992)

Ⅱ.舌状花亚科(Liguliflorae):头状花序均由舌状花组成,植物体具乳汁。

(1)蒲公英(*Taraxacum mongolicum* Hand.-Mazz.):取蒲公英具花、果新鲜植株观察,为多年生草本,有白色乳汁。叶莲座状平展,狭倒披针形,大头羽状分裂。花葶顶生 1 个头状花序,花全为黄色舌状两性花,总苞片 2 层,花序托平坦,花药合生筒状,花柱细长,柱头 2 裂。瘦果褐色,顶端有细长的喙,着生多数白色软冠毛(图 2-39)。

(2)苦苣菜(*Sonchus oleraceus* L.):取苦苣菜具花、果新鲜植株观察,为一年生草本,有乳汁。茎上部具黑褐色腺毛,叶柔软无毛,大头羽状全裂或提琴状羽裂,基部常抱茎。头状花序有黄色舌状花,总苞片 2～4 层。瘦果倒卵形,有白色细长冠毛。

(3)乳苣(*Mulgedium tataricum*(L.)DC.):取乳苣具花、果新鲜枝条观察,为多年生草本。叶质厚,灰绿色,矩圆形,羽状或倒向羽状浅裂或半裂,顶裂片长披针形或长三角形。花淡紫色或紫色。瘦果矩圆形,灰色至黑色,冠毛白色(图 2-40)。

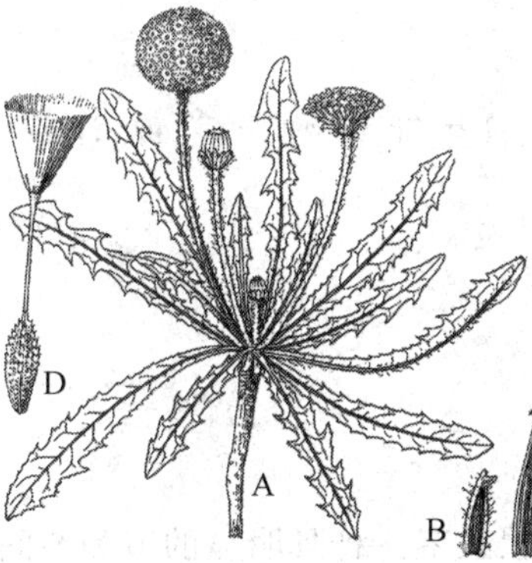

图 2-39　蒲公英(*Taraxacum mongolicum* Hand.-Mazz.)

(引自贺学礼《植物学实验实习指导》,2004)

A. 植株　B,C. 总苞片　D. 瘦果

图 2-40　乳苣(*Mulgedium tataricum*(L.)DC.)

(引自《新疆植物志》第五卷,1999)

A. 植株上部　B. 基生叶　C. 瘦果

(4)苣荬菜(*Sonchus arvensis* L.):取苣荬菜具花、果新鲜枝条观察,为多年生草本,茎直立,分枝或不分枝。基生叶及下部茎生叶披针形或长椭圆状披针形,边缘有锯齿或羽状深裂。头状花序有黄色舌状花,总苞片 3～4 层。瘦果椭圆形或纺锤形,冠毛白色,柔软,易脱落。

五、作业与思考题

1. 绘乳苣的舌状花、刺儿菜的管状花,并注明各部分名称。
2. 写出龙葵、一串红、紫丁香、蒲公英等植物的花程式。
3. 在菊科两亚科中的各选一种材料进行形态描述。
4. 请解释头状花序、管状花、舌状花、总苞、冠毛、聚药雄蕊、瘦果的含义。

实验二十 被子植物分科(五)

——禾本科、百合科、鸢尾科、兰科

一、目的与要求

1. 掌握禾本科、百合科、鸢尾科、兰科植物的主要形态特征。

2. 观察、识别禾本科、百合科、鸢尾科、兰科常见代表植物。

二、仪器与用具

解剖镜、镊子、解剖针、刀片、载玻片、盖玻片等。

三、实验材料

(1)新鲜材料:小麦、苇状羊茅、画眉草、沙生针茅、狗牙根、稗、洋葱、葱、蒜、萱草、小黄花菜、西北天门冬、马蔺、射干等。

(2)蜡叶标本:绶草、建兰、小斑叶兰等。

四、内容与方法

(一)禾本科 Gramineae

1. 形态特征

一至多年生草本,少数为木本;通常具根状茎。秆具明显的节和节间;叶互生,叶鞘开放,常具叶耳、叶舌。花序由小穗排列组成,小穗含1至多朵小花,基部常具内颖、外颖;花两性、单性或中性,外具内稃和外稃,2枚浆片;雄蕊3或6,子房上位,2心皮1室,柱头常呈羽毛状。颖果。

2. 常见亚科及代表植物

Ⅰ.竹亚科(Bambusoideae):木本,秆木质坚硬;叶片具短柄,与叶鞘连接处常具关节而易脱落;雄蕊6枚。

代表植物:金镶玉竹(*Phyllostachys aureosulcata* f. *spectabilis* C.D.Chu et C.S.Chao)、紫竹(*Phyllostachys nigra*(Lodd. ex Lindl.)Munro.),斑竹(*Phyllostachys bambusoides* f. *lacrima-deae* Keng f. et Wen)等。

Ⅱ.禾亚科(Agrostidoideae):草本,秆通常为草质;叶片不具短柄而与叶鞘连接,也不易自叶鞘上脱落;雄蕊3枚。

(1)小麦(*Triticum aestivum* L.):取小麦具花、果新鲜植株观察,为一至二年生草本,茎中空。叶分为叶片和叶鞘两部分。复穗状花序直立,有多数小穗组成,小穗两侧压扁,单生于穗轴各节;每小穗有3～4朵小花,花内有2枚浆片,3枚雄蕊,子房一室上位,柱头2裂羽毛状。颖果卵形(图2-41)。

(2)苇状羊茅(*Festuca arundinacea* Schreb.)：取苇状羊茅具花、果新鲜植株观察，为多年生草本。秆直立，光滑。叶片条形，上面及边缘粗糙，下面平滑。圆锥花序开展、直立或垂头，小穗含4～5朵小花，绿色或带紫色；颖片披针形，无毛，边缘膜质。颖果(图2-42)。

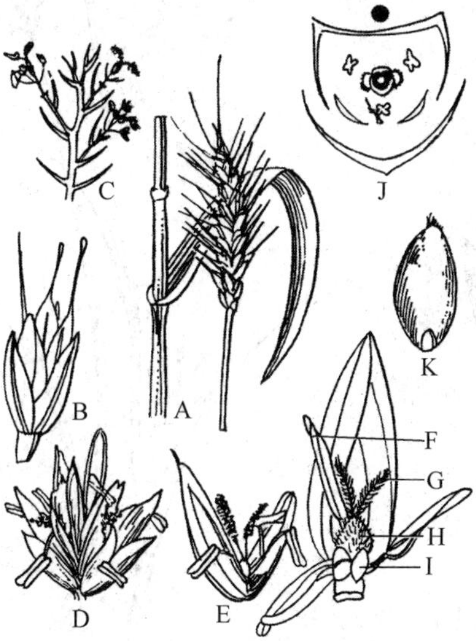

图2-41　小麦(*Triticum aestivum* L.)

(引自贺学礼《植物学实验实习指导》,2004)

A. 茎叶及花序　B. 小穗　C. 小穗模式图　D. 开花的小穗　E. 小花　F. 雄蕊　G. 柱头　H. 子房　I. 浆片　J. 花图式　K. 颖果

图2-42　苇状羊茅(*Festuca arundinacea* Schreb.)

(引自《新疆植物志》第六卷,1996)

A. 植株　B. 小穗　C. 小花

(3)画眉草(*Eragrostis pilosa*(L.)Beauv.)：取画眉草具花、果新鲜植株观察，为一年生草本，秆丛生。叶片条形扁平，叶鞘被稀疏的长柔毛。圆锥花序开展，小穗具柄，含4～14朵小花；颖片披针形，膜质，先端渐尖，外稃卵圆形，内稃短于外稃。颖果(图2-43)。

(4)沙生针茅(*Stipa glareosa* P. Smirn.)：取沙生针茅具花、果新鲜植株观察，为多年生草本，密丛。秆细弱，叶片内卷，呈针状。花序基部包藏于顶生叶鞘内，颖片披针形膜质，近等长具3～5脉；外稃7～9 mm，密生柔毛，芒一回膝曲、扭转，芒针长 3 cm，具长约 4 mm 的羽状毛。

(5)狗牙根(*Cynodon dactylon*(L.)Pers.)：取狗牙根具花、果新鲜植株观察，为多年生草本，具根茎和匍匐茎，于匍匐茎节上生不定根和分枝。叶片条形，通常两面均无毛。穗状花序 3～6 枚指状着生于茎秆顶端；小穗仅含 1 朵小花。颖果长圆形(图 2-44)。

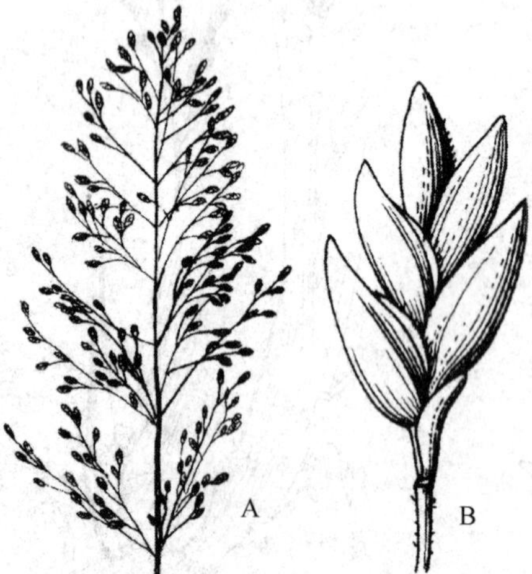

图 2-43　画眉草(*Eragrostis pilosa*(L.)Beauv.)

(引自《新疆植物志》第六卷，1996)

A. 花序　B. 小穗

图 2-44　狗牙根(*Cynodon dactylon*(L.)Pers.)

(引自《新疆植物志》第六卷，1996)

(6)稗(*Echinochloa crusgalli*(L.)Beauv.)：取稗具花、果新鲜植株观察，为一年生草本，叶片扁平，无叶舌。圆锥花序由数枚穗形总状花序组成，直立或下垂，常分枝；小穗近无柄，颖具 5 脉，有短硬毛或刺毛。颖果椭圆形。

(二)百合科 Liliaceae

1. 形态特征

多年生草本，具根状茎、鳞茎或块茎。茎直立或攀援，有时叶退化而茎成为叶状枝；单叶互生、对生、轮生，或退化为鳞片状。花两性，辐射对称，花被片通常 6，排列成 2 轮，离生或合生；雄蕊 6 枚，与花被片对生，花药 2 室；子房下位，稀半下位，由 3 心皮构成，中轴胎座。蒴果或浆果。

2. 常见代表植物

(1)洋葱(*Allium cepa* L.):取洋葱具花、果新鲜植株观察,为多年生草本,鳞茎球形或扁球形。叶基生,圆筒状,中空。花茎中空筒状,伞形花序顶生,有 2～3 片反卷苞片;花被片 6,白色,雄蕊 6。蒴果(图 2-45)。

(2)蒜(*Allium sativum* L.):取蒜具花、果新鲜植株观察,为多年生草本,鳞茎扁球形,由数个肉质厚瓣状的小鳞茎组成,外被白色或紫红色皮膜。叶线状披针形,扁平。花葶圆柱状,伞形花序,总苞厚膜质,花淡红色,花被片 6,两轮,花丝短于花被,子房常不孕,被珠芽所代替。

(3)小黄花菜(*Hemerocallis minor* Mill.):取小黄花菜具花、果新鲜植株观察,为多年生草本,具短根状茎或须根。叶基生,条形。花葶直立,花黄色,具短梗或无梗,花被片 6,下部合生成筒状,裂片反曲,花冠呈漏斗状,雄蕊伸出,上弯。蒴果(图 2-46)。

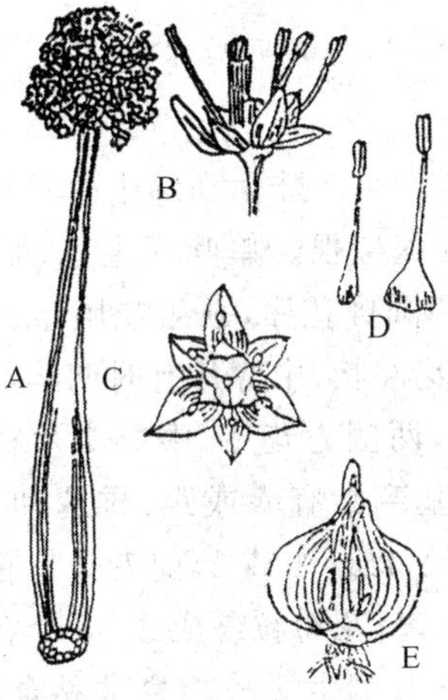

图 2-45　洋葱(*Allium cepa* L.)

A. 花序　B,C. 花

D. 雄蕊　E. 鳞茎

图 2-46　小黄花菜(*Hemerocallis minor* Mill.)

(引自《中国沙漠植物志》第一卷,1985)

A. 植株　B,C. 花

(4)西北天门冬(*Asparagus persicus* Baker.):取西北天门冬具花、果新鲜植株观察,为攀援植物,生于根状茎上。茎平滑,分枝成直角;叶状枝 3～5 枚簇生,扁圆柱形，叶鳞片状。花2～4朵腋生，红紫色或淡绿色。浆果球形，红色。

(三)鸢尾科 Iridaceae

1. 形态特征

多年生草本，有根状茎、球茎或鳞茎。叶多基生，呈2列，狭长，条形或剑形，常于中脉对折，基部套折成鞘状抱茎。花序多样；花两性，辐射对称或两侧对称，由苞片内抽出；花被片6，花瓣状，2轮排列，基部常合生；雄蕊3，生于外轮苞被基部；3心皮复雌蕊，子房下位，通常3室，中轴胎座，花柱3裂，有时花瓣状。蒴果。

2. 常见代表植物

(1)马蔺(*Iris lactea* var. *chinensis*(Fisch.)Koidz.)：又名马莲。取马蔺具花、果新鲜植株观察，为多年生草本。植株基部有红褐色、纤维状的枯萎叶鞘，叶条形。花蓝紫色，花被片6；花柱3，呈花瓣状。蒴果(图2-47)。

(2)射干(*Belamcanda chinensis*(L.)Redouté)：取射干具花、果新鲜植株观察，为多年生草本。根状茎横走，断面鲜黄色。地上茎丛生。叶宽剑形，基部套折，2列互生。2～3歧分枝的伞房状聚伞花序顶生，花橙黄色，有红色斑点。蒴果，种子黑色。

(四)兰科 Orchidacea

1. 形态特征

多年生草本或攀援藤本，陆生(地生)、附生或腐生。陆生和腐生的常具根状茎或块茎，有须根；附生的常具肉质假鳞茎和肥厚的气生根。单叶互生，2列，稀对生或轮生，叶鞘常抱茎。花单生或排成总状、穗状和圆锥花序，顶生或腋生；花两性，稀单性，两侧对称；花被片6，2轮，外轮3萼片常花瓣状，中萼片有时凹陷与花瓣靠合成盔，两侧萼片略歪斜，离生或合生；内轮3片，两侧为花瓣，中央1片特化为唇瓣，因子房180°的扭转而使唇瓣于前下方，唇瓣基部常有囊或距；雄蕊和花柱、柱头完全愈合成合蕊柱(gynostemium)，呈半圆柱状；雄蕊1或2，前者为外轮中央雄蕊，后者为内轮侧生雄蕊，生于蕊柱两侧。花药2室，花粉粒黏成2～8个花粉块；3心皮合生复雌蕊，子房下位，1室，侧膜胎座；柱头3，侧生2枚能育常黏合，另1不育呈小突起为蕊喙，或柱头3合成单柱头而无蕊喙(雄蕊为2时)。蒴果；种子极多，细小，无胚乳，胚小而未分化完全，通常具有膜质或呈翅状扩张的种皮，易于风媒传播。

2. 常见代表植物

(1)绶草(*Spiranthes sinensis* (Pers.)Ames)：陆生植物。叶2～4片，条状倒披针形。花小而密集，顶生，螺旋状排列；唇瓣矩圆形；子房下位，柱头3裂。蒴果。

(2)建兰(*Cymbidium ensifolium*(L.)Sw.)：陆生植物，有假鳞茎。叶2～6丛

生，带形，外弯。花葶直立通常短于叶，总状花序，苞片远比子房短；花浅黄绿色，清香；萼片狭披针形，花瓣较短，唇瓣不明显3裂，花粉块2个（图2-48）。

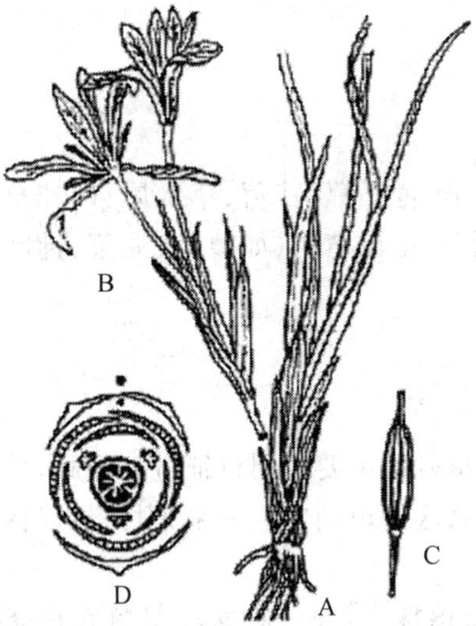

图 2-47　马蔺（*Iris lactea* Pall. var. *chinensis*（Fisch.）Koidz.）

（引自贺学礼《植物学》，2004）

A. 根和叶　B. 花枝　C. 果实　D. 花图式

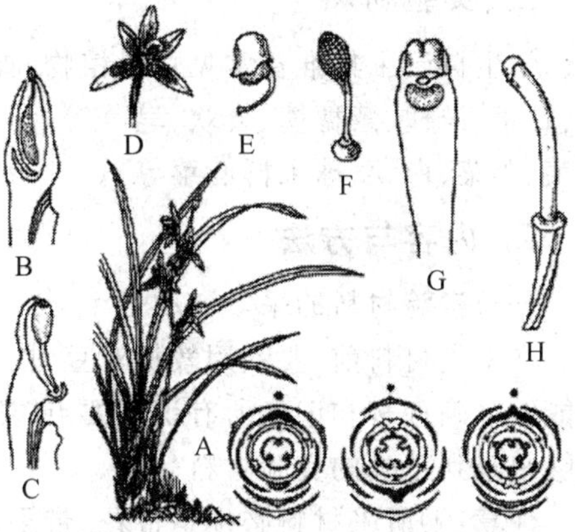

图 2-48　建兰（*Belamcanda chinensis*（L.）DC.）

（引自《江苏植物志》，1977）

A. 植株　B. 兰花的基盘部　C. 兰花的顶盘部　D. 花　E. 花药　F. 花粉块　G. 合蕊柱　H. 子房和合蕊柱

五、作业与思考题

1. 绘小麦小穗和小花的形态结构图，并注明各部分名称。

2. 绘葱、萱草花的形态结构图，并注明各部分名称。

3. 请解释小穗两侧压扁、小穗背腹压扁、小穗脱节于颖之上、小穗脱节于颖之下、芒、第一外稃的含义。

实验二十一　被子植物分类综合性实验

一、目的与要求

1. 由学生自己采集准备材料，通过实验过程掌握本地常见科豆科、十字花科植物的主要识别特征。

2. 掌握本地常见科豆科、十字花科代表植物的识别方法。

3. 通过自己解剖观察，使学生能够准确理解用于描述植物形态特征的形态学术语,并能对植物的形态特征用形态学术语进行准确而详尽的描述。

4. 进一步巩固植物检索表的使用、编制以及花程式和花图式的书写方法。

二、仪器与用具

解剖镜、放大镜、刀片、镊子、解剖针。

三、实验材料

学生自己采集准备常见豆科植物(如苦豆子、苦马豆、苜蓿、草木犀、白花草木犀、甘草、洋槐、紫穗槐、合欢、皂荚等)和常见十字花科植物(如萝卜、油菜、钝叶独行菜、荠菜、白菜、球果群心菜等)。

四、内容与方法

(一)实验材料的采集和准备

在采集材料前,要利用教材对豆科和十字花科的主要识别特征进行回顾,并力求能够准确理解和记忆所有识别要点,然后依照这些识别要点去采集材料,以保证能够采集到正确的实验材料。

注意:①所采材料必须是带花、带果的完整植株;②每一种实验材料在形态上都要符合该科的所有识别特征,而不是仅符合其中的一点或几点。

(二)观察和描述植物特征

1. 植物特征观察

利用放大镜和解剖镜、镊子等工具对所采集的植物进行解剖和认真细致的系统观察,并利用形态学术语进行形态特征的描述。观察和描述植物时要按照从整体到局部、从营养器官到繁殖器官、从下到上、从外到内的顺序进行。

(1)首先根据植物茎的性质确定植物性状(草本植物、木本植物或藤本植物)。

(2)确定植物性状以后,从根开始观察,判断根系是属于直根系还是须根系,以及根是否有变态类型。

(3)观察茎的生长习性,判断茎是属于直立茎、平卧茎、缠绕茎、攀缘茎还是匍匐茎等;再观察茎是否有变态类型,以及茎的分枝、形状、颜色、条纹、附属物等。

(4)观察叶:首先判断是单叶还是复叶,如为复叶则需判断出复叶的类型,然后是叶序、叶形、叶缘、叶尖、叶基形状等。

(5)观察花:首先观察是单生花还是花序,如为花序则要判断花序类型,其次观察花的着生位置(顶生、腋生或侧生),最后观察花萼的联合情况、颜色,花冠的类型、颜色,雄蕊的数目、类型以及雌蕊的数目、类型和子房位置等。

(6)观察果实:先通过果皮及其附属部分成熟时的质地和结构来判断出果实类型,再观察记录果实的形状、大小、颜色、毛被以及表面附属物等特征。

(7)观察种子:对种子的大小、形状、颜色和表面纹理等特征进行观察。

2. 植物特征描述

用科学的形态术语对所观察的各种豆科、十字花科植物进行形态特征的描述,描述与观察同时进行,边观察边描述,一般按照如下顺序进行描述。性状—根(根系类型—有无变态根)—茎(茎生长习性—茎的形状(沟纹)—附属物)—叶(单叶或复叶—叶序—叶形—叶缘—叶尖—叶基—附属物)—花(花单生或花序(类型)—顶生或腋生—花萼—花冠(先颜色后类型)—雄蕊—雌蕊)—果实类型—种子(形状、颜色、大小等)。

五、作业与思考题

1. 绘制小白菜或油菜花的纵剖面图,并注明各部分名称。
2. 绘刺槐花的花图式并写出其花程式。
3. 用采集的植物材料编制一个等距检索表。

第三部分　植物学课程实习

植物学课程实习的要求

一、实习目的

通过植物学课程实习，学习高等植物野外观察、记录和综合分析的方法，掌握高等植物标本信息收集、标本采集和制作方法以及植物标本识别鉴定的方法 。通过实践教学环节，培养和提高学生观察能力、实践动手能力、创新思维能力和分析解决问题的能力。

二、实习要求

1. 复习理论知识

复习理论知识是为了保证野外实习取得更多的收获。因此，在实习之前学生要重点复习形态学术语和被子植物分类部分的内容，重点掌握新疆南疆区域主要分布科及代表植物。野外实习时，要从这些基础知识入手，如先观察根、茎、叶、生殖器官等的形态特征进行分类学的初步判断，必要时查阅相关检索表来识别植物。相关专业还需要学会观察地貌，了解种群、群落和植被知识，为生态学等实习打基础。

2. 实习任务要求

根据植物学课程实习大纲要求，学生在 3～5 d 的课程实习过程中，需要以小组为单位采集、压制和识别 80～120 种植物，每小组制作合格的标本 10～15 份，并能够正确鉴定。实习结束后，学生须撰写实习报告，要求全面总结实习过程中实践动手能力和分析解决问题能力方面的收获、体会，以及对植物学课程实习的意见和建议。

3. 纪律要求

实习期间学生要做到服从实习指导教师的工作安排，遵守课程实习的有关组织纪律和规定，远离河道和水库等地以避免发生意外事故；不允许学生在实习期间脱离班级，进行与实习无关的活动，课程实习班级的班委负责考勤记录，并及时向实习指导教师汇报本班当天出勤情况；实习期间不允许在校园、科研基地等采摘观赏植物、作物和保护植物做标本，同时不得随意摘绿化植物的花，也不能乱丢弃植物枝叶。

4. 安全教育

自始至终要注意人身安全问题。为了保证学生野外实习安全，实习指导教师必须向学生强调有关安全措施，以及在行车、采集标本过程中应注意的问题。要求学生必须注意自我防护，穿着适合野外活动的衣服和鞋帽、携带水及适量食物等，使自己的身体不受紫外线等伤害并便于野外活动。

三、实习安排

课程实习在教师指导下有计划地进行，让学生了解野外实习计划和具体日程。实习分为以下 3 个阶段：①野外调查、记录、采集、压制标本。②制作标本；把采集到的植物，结合描述，利用工具书鉴定出植物的学名。③撰写实习报告，对本次实习做总结并提出意见和建议。课程实习分为室外实习和室内实习两部分，二者应交替进行或者分别集中时间段完成。

(一)制订野外实习计划

实习之前要制订实习计划，在实习中出现新情况时，可作适当调整和补充。实习还要考虑晴天、雨天因素，甚至白天和晚上也要适当安排，统筹策划。晴天应多安排野外活动，观察植物；雨天安排在室内整理标本、整理调查资料和图片、制作标本以及查植物检索表。晚上则可个人复习、集体活动或娱乐活动。

(二)实习组织安排

根据野外教学活动内容，将学生分组。每组人数控制在 4～6 人，并在实习指导教师带领下完成实习任务。

(三)准备实习用具

1. 准备实习器具

植物标本的采集需要记录、采集标本、照相等工作，因此需要带相应的器具。实习前，要准备好所有相关器具，要清点好并安排相应的人负责管理。需要准备的器具如下：

(1)标本夹，用长约 45 cm、宽约 35 cm 的板条钉成两块夹板。

(2)吸水纸，易于吸水的草纸或旧报纸。

(3)采集袋(箱)，铁皮箱、塑料袋或塑料背包。

(4)小铁锹，用来挖掘草本植物的根。

(5)枝剪和高枝剪，枝剪用来采集植物枝条，高枝剪用来采集高大植物的枝条。

(6)手锯，采集木材标本时用锯，刀锯和弯锯携带比较方便。

(7)采集标签、野外记录签和定名签，采集标签使用较硬的纸，剪成约 4 cm×3 cm，一端打孔，以便穿线。在采集标本时，将采集的标本进行编号并填写采集标签，系在标本上。野外记录签约 10 cm×7 cm，是在野外记录植物的产地、生境和特征等信息，将来贴在做好的标本上。定名签约为 7 cm×4 cm，是经过正式鉴定后书写植物种名的标签。

(8)放大镜，观察植物的形态特征。

(9)GPS，确定植物标本采集地的经纬度和海拔高度。

(10)方位盘，观测植物标本采集地的方向和坡向。

(11)钢卷尺，测量植物高度和胸径。

(12)照相机和望远镜，拍摄植株个体、生境等照片；望远镜用来观察高大木本植物的形态特征。

(13)小纸袋，保存标本上掉落的花、果、种子或叶片。

(14)铅笔、中性笔和记录本。

2. 准备标本鉴定工具书

对采集的植物标本需要鉴定，须准备工具书如《新疆植物志》《新疆植物检索表》《新疆高等植物科属检索表》《中国植物科属检索表》《中国高等植物》《植物学》等，以便在野外实习和标本鉴定时使用。

实习内容一　野外观察和信息收集

一、目的与要求

1. 学习和掌握野外植物调查和相关信息收集的方法。

2. 通过野外调查理解植物与环境的关系。

二、仪器与用具

全球卫星定位系统(GPS)、照相机、望远镜、方位盘、野外记录本、铅笔、中性笔和记录本等。

三、内容与方法

(一)采集地地理信息的收集

采集地信息收集主要是针对植物采集地点地理信息的收集。首先，要明确植物采集地行政区域的各级名称。其次，要用全球卫星定位系统(GPS)对采集地点进行定位，记录经纬度和海拔高度。采集地点记录要准确、详细，如“巴音郭楞蒙古族自治州和静县克尔古提乡小红山”、“巴音郭楞蒙古族自治州和硕县曲惠乡”。

(二)生境调查及信息收集方法

生境可以反映某种植物的生长环境,包括生物环境和非生物环境,是从另一个角度反映与植物相关的信息。使用全球卫星定位系统(GPS)、照相机、望远镜、方位盘等并结合目测的方法,调查坡度、坡向以及地形地貌、生境类型、土壤类型、目标植物及其伴生种、影响因子等(表 3-1)。

表 3-1　植物生境调查信息

调查内容	生境信息	调查方法
生境类型	高山草甸、河漫滩、石质山坡、路边、农田边、弃耕地等	目测调查
伴生种	目标植物周围生长的植物	采样分析
影响因子	放牧、修路、耕作、采矿等	目测调查
土壤颜色	黑色、红色、黄色等	采样分析
土壤质地	沙土、壤土、沙壤土等	采样分析

(三)植物形态特征信息的收集

植物形态特征信息的收集,包括植物形态特征的文字信息记录和图像信息采集,是植物调查、采集工作中一项对专业知识要求高而又重要的工作。

1. 植物形态特征文字信息收集方法

野外调查采集植物标本时往往不能采集到植物的全部,而且有不少植物压制后与原来的颜色、形状有一定差别。如果对所采集标本的形态学特征没有详细、准确记录,日后记忆模糊,就无法对所采集的植物有全面了解,可能对植物鉴定工作带来一定的困难。因此,在采集植物标本之前详细记录所采集植物的根、茎、叶、花、果实和种子的形态特征是很重要的。

获得全面、准确的植物形态特征信息取决于对植物详细准确的观察、依据植物分类学知识的判断及详实、准确的记录。要做到对植物形态特征记录全面、准确,首先需要熟悉和掌握大多数科属植物的主要形态特征,其次需要仔细观察,包括对植物地上部分和地下部分的观察。观察时要充分发挥感官作用,看、摸、闻之后才能够准确而全面地描述并记录。以下是采集植物形态特征信息时进行观察与描述的主要内容和方法:

(1)观察茎的形态特征:根据植物茎的性质,确定植物是草本、藤本或木本植物,同时观察茎的生长习性,判断茎是直立茎、平卧茎、缠绕茎、攀援茎还是匍匐茎;再观察是否有变态及变态器官的发生部位、形状、颜色等。

(2)观察根的形态特征:对植物地下部分观察,判断根系是直根系还是须根系,观察根是否有变态及变态器官的发生部位、形状、颜色等。

(3)观察叶的形态特征:对叶的观察首先应判断叶的类型,即是单叶还是复叶,如为复叶则要判断复叶的类型,再从叶序、叶形、叶尖、叶基、叶缘、叶裂形状、脉序等对叶进行描述,同时再观察叶是否具有变态等。

(4)观察花的形态特征

①单生花可直接观察,花序则需要先判断花序类型。

②一朵花的组成,由外向内逐层进行解剖观察。在解剖花时,要注意花各组成部分在花中的排列位置及相互关系。

③观察花萼,先看萼片是否联合,然后计数萼片的数目,再描述萼片的颜色、形状及附属物等。

④观察花冠,先看花瓣是否联合,然后计数花冠的数目,再描述花冠的颜色、形状及附属物等。

⑤观察雄蕊,先判断雄蕊数目,再看雄蕊类型、着生位置及附属物等。

⑥观察雌蕊。花的各部分结构中,花萼、花冠、雄蕊的结构特点通过形态观察即可基本掌握,而雌蕊的特点,特别是组成雌蕊的基本单位心皮,其数目通过形态观察有时不能解决。判断雌蕊的心皮数目要先确定雌蕊的类型,再判断组成雌蕊的心皮数目。具体做法如下:

A. 确定雌蕊的类型

在一朵花中,依据雌蕊数目和组成每个雌蕊的心皮数目,将雌蕊分为单雌蕊、离生雌蕊和复雌蕊3种类型。

a. 在具体观察一朵花时,如花中有两个或者两个以上的雌蕊时,该雌蕊类型为离生雌蕊;如花中只有一个雌蕊则要判别该雌蕊是单雌蕊还是复雌蕊。

b. 如在一朵花中只有一个雌蕊,则观察花柱和柱头是否开裂,如开裂则该雌蕊为复雌蕊,如不开裂则要对子房横切进行进一步观察。

c. 在雌蕊子房的横切面中,如子房被分成几个子房室,则该雌蕊属于复雌蕊;如仅为一个子房室,则通过观察子房室中胎座的情况来判断。

d. 当胎座位于子房室中央,并有许多胚珠着生其上,则该雌蕊属于复雌蕊;当胎座位于子房壁上,如胎座数目大于等于两个,则该雌蕊为复雌蕊;如胎座数目仅为一个,则要对子房壁中的维管束数目进行进一步观察。

e. 在雌蕊子房的横切面中,如在子房壁中可观察到的维管束数目大于两个,则为复雌蕊;如维管束数目等于两个,则该雌蕊为单雌蕊。

B. 判断雌蕊的心皮数目

a. 在确定雌蕊类型的基础之上,进一步判别组成每个雌蕊心皮数目。

b. 当雌蕊属于单雌蕊和离生雌蕊时，则组成每个雌蕊的心皮数目均为一个。当雌蕊属于复雌蕊时，则首先观察花柱和柱头是否开裂及子房外侧是否有沟槽。如花柱和柱头开裂或子房有沟槽，则花柱和柱头的开裂数目或者子房外侧的沟槽数目，即为组成该雌蕊的心皮数目；如花柱和柱头不开裂，则要对该子房做一横切面，进一步观察子房数目。

c. 在雌蕊子房的横切面中，如子房被分成几个子房室，则子房室的数目即为组成该雌蕊的心皮数目；如子房中仅有一个子房室，则要对该雌蕊的胎座位置进行进一步观察。

d. 当胎座类型位于子房壁上或胎座数目大于等于两个时，则胎座数目即为组成该雌蕊的心皮数目；当胎座位于子房室中央或者子房壁上只有一个胎座时，则必须观察子房壁中维管束的数目，维管束数目除以 2，即为组成该雌蕊的心皮数目。依据一朵花中雌蕊数目和心皮的离、合生情况及数目，可将雌蕊和心皮的关系列为表 3-2。

表 3-2　雌蕊和心皮的关系

雌蕊类型	雌蕊数目	心皮数目
离生雌蕊	$\geqslant 2$	1
单雌蕊	1	1
复雌蕊	1	$\geqslant 2$

(5)观察果实和种子的形态特征：观察果实和种子的类型、颜色、形状、是否有特殊气味及附属物等。

2. 植物图像信息的收集方法

现代数码工具已渗透在教学、科研等领域并起到了取证重要信息的作用。它能够保留原始信息记录，是真实清晰的图片而不是枯燥的原始文字记录。因此，在采集植物标本的同时拍摄采集植物及其生境特征，不仅获取了大量信息，而且对标本鉴定有着非常重要的作用。

一个日标植物的图像信息应该能够全面反映目标植物的形态特征、生长状况、生长环境以及与其他伴生物种间的关系。因此，目标植物的图像信息应包括：大生境、小生境、植物单株、花（花序）和果实特写 5 个部分（表 3-3、图 3-1）。但在野外实际调查采集的过程，会因采集时期的不同而只遇到植物的花期或者果期，这样就只能拍到花或者果中的一张图片，采集时期选择得好，则可以同时采集到花、果图片。

表 3-3 植物标本图像信息收集要求

图像信息	收集植物标本图像信息的基本要求	采集信息数量
大生境（目标植物生长的大环境）	包括地形地貌和目标植物在内	1 张
小生境（目标植物生长的小环境）	能够清晰反映目标植物和其周围的主要伴生物种	1 张
植物单株	能够反映目标植物个体的整体形态特征，包括茎、叶、花和果实的形态特征及其相互间的空间分布关系	1 张
花	花、花序特写，凸显花、花序的形态特征等信息	2～3 张
果实	果实特写，凸显果实的形状、颜色等信息	1 张

A

B

C

D

图 3-1 植物图片信息收集案例

A. 五柱红砂（*Reaumuria kaschgarica* Rupr）生长的大生境

B. 五柱红砂（*Reaumuria kaschgarica* Rupr）生长的小生境

C. 五柱红砂（*Reaumuria kaschgarica* Rupr）的单株

D. 五柱红砂（*Reaumuria kaschgarica* Pupr）的花

实习内容二　植物标本的采集和压制

一、目的与要求

1. 学习和掌握植物标本采集的基本要求和方法。

2. 掌握植物蜡叶标本的制作及保存方法。

二、仪器及用具

标本夹、吸水纸、枝剪和高枝剪、小铁锹、手锯、采集袋(箱)、野外记录本、采集标签、野外记录签、钢卷尺、铅笔、中性笔和记录本、工具书等。

三、内容与方法

(一)植物标本采集的要求和方法

(1)采集合格的标本:要在生长正常,发育健全的植株上采集非残破、无虫害的枝条,标本采集必须具备花或果材料,或两者兼有才有鉴定的价值。因此,具备花或果的标本是一份较为完整、合格标本的必要条件。

(2)标本大小:采集到的标本以每份标本长不超过 40 cm,宽不超过 25 cm 为宜。株高 40 cm 以下的草本整株采集,较矮小的草本则采集数株,以采集标本布满台纸为最大限。较高者需要折叠全株或选取代表性的上、中、下 3 段作同号一份标本。木本植物选有花和(或)果实的枝条,有多型叶时要收齐不同叶型的叶片。

(3)标本份数:每号标本应至少采集 2～3 份。下列情况应考虑采副份(3～5 份)标本:当标本采集地为采集空白或薄弱地区时,当采集的标本是用于交换时,当多份标本才能表现物种的全部特征时;而当遇到珍稀和重要经济植物时,此时适当减少采集标本份数;少采或不采重点保护和珍稀濒危植物。

(4)信息收集:①注意观察植物植株的形态特征和其生长环境并做翔实、准确的文字记录。②一份标本相对应的图像信息应至少有 4 张图像反映植物单株、花(花序)、果实、大生境、小生境以及某些特征的局部特写等。照片力求图像清晰,色彩还原准确,真实再现植物的形态特征及生长环境。③向当地居民咨询标本植物的俗名,以及当地居民如何利用这些植物,是饲料、野菜还是药用,这些都应当有所记录。

(二)植物标本的采集

植物界丰富多彩,各种不同植物要采取不同的采集方法,以保证所采集标本具有全面的形态特征信息，也有利于将来的鉴定工作。标本采集后要立即编号、拴标签、填写采集记录。

1. 木本植物的采集

木本植物一般是指乔木、灌木或木质藤本植物，采集时首先选择生长正常且无病虫害的植株作为采集对象，并在植株上选择有代表性的小枝作为标本。所采的标本是要有叶、花或果实的，必要时可以采取一部分树皮。要用枝剪来剪取标本，不能用手折，因为手折容易伤树，摘下来的枝条压成标本也不美观。采集落叶的木本植物，必要时须分 3 个时期来采集才能得到完整标本。例如冬芽时期的标本、花期的标本、果实时期的标本。

有些植物是先开花后长叶，如榆叶梅、连翘等，那么应先采集花，以后再采集叶和果实，就可得到完整的标本。没有花和果实的标本不能作为鉴别种类的依据，所以必须采叶、花(或叶、果)齐全的枝条，同时标本上最好带着二年生的枝条，因为当年生的枝条变化可能比较大，有时不容易鉴别。此外，有些植物雌雄异株，如杨树和柳树等，这种植物特别注意要采雌株和雄株的标本。所采标本的大小，一般高约 42 cm 最适宜，这样符合台纸的长度和宽度，压干后制作标本也比较美观。

2. 草本植物的采集

高大的草本植物采集法一般与木本植物相同。除了采集它的叶、花、果各部分外，必要时要采集它的地下部分，如根茎、匍匐枝、块茎和根系等应尽量挖取，这有助于在记录时确定植物是一年生或多年生的，在以后的鉴定工作中也很重要。有许多草本植物的地下部分是其重要的分类特征，如龙胆科、车前科、百合科的一些植物，不采集地下部分可能会加大鉴定难度甚至无法鉴定。

3. 水生植物的采集

很多有花植物生活在水中，有些种类的叶柄和花柄是随着水的深度而增长，因此采集这些植物时，有地下茎的则应采取地下茎，这样才能显示出花柄和叶柄着生的位置。采集时必须注意有些水生植物全株都很柔软而脆弱，一提出水面，它的枝叶即彼此粘贴重叠，带回室内后常失去其原来的形态。因此，采集这类植物时，最好成束捞起，用草纸包好，放在采集箱里，带回室内立即将其放在水盆或水桶中，等到植物的枝叶恢复原来状态时，用一张旧报纸，放在浸水的标本下轻轻将标本提出水面后，立即放在干燥的草纸里好好压制。最初几天，最好每天换 3～4 次干纸，直至标本表面的水分被吸尽为止。

4. 特殊植物的采集

有些植株很高、叶很大、叶柄很长，采来的标本压制非常困难。因此，采集时只能采其叶、花、果、树皮、茎段等局部，但是必须把植物的高度，茎的直径，叶的长宽和裂片的数目，叶柄、叶鞘的长度、形态等全部记录下来，最好把它拍照并将照片附在标本上。此外有些寄生性的植物，如列当、菟丝子等都寄生在其他植物体上，采集这类植物时一定要将寄主被寄生的部分同时采下来，并且把寄生的种类、形态及寄生的关系等记录上。

采集标本时采集记录签（见附录Ⅵ）填好后，必须立即将采集标签挂在植物标本上，同时检查野外记录签上的采集编号与采集标签上的采集编号是否保持一致，记录签描述的植物与所采的标本是否保持一致。这点很重要，如果其中发生错误，就失去标本的价值甚至影响到标本的鉴定工作。

（三）植物标本采集后的压制

1. 采集标本的修整

采到的新鲜植物标本，要在一定时间段内放在标本夹的吸水纸（草纸或报纸）中进行压制。压制标本时植物标本首先要经过修整才可以压制。

修整标本的目的是能保持植物在自然状态下的形态特征。疏枝、疏花、疏果是为了压制出好的标本，否则水分太多不易散失会使标本发生霉烂，但不能去除体现标本主要形态特征的器官，如皮刺就不能剔除，花序太密可以疏花，但是不能因疏花而完全丧失了原本的花序特征。除此之外，修整标本也要力求美观，使修整压制后的标本具有一定的观赏性。

修整标本的程序和方法：

(1)先要剪去植物上冗余的枝叶、花、果，并洗去根部的泥土等。

(2)较长的草本植物如禾本科植株，可以把它们折成“V”、“N”、“W”形，使其长度不超过约 42 cm，但也可以根据需要压制更大的标本。

(3)较粗的植物茎或根，可将其切出一个斜面或削去 1/2，这样既能够保持原有的形态特征又便于压制。

(4)植物有很多皮刺或茎刺等，则可剔除一侧的刺，而另一面保持原有状态，然后用木板放在植物上面用脚踩或重物压，来使标本压成平面。

(5)肉质植物可以用针将其肉质器官上扎许多小孔，如在茎、叶上扎小孔以便于汁液尽快流出植物体。

(6)多汁的果实、大型块根、根茎、鳞茎等，一般用化学药品浸制。如需压制块根和块茎，可将其切去一半或切成几片较薄的横切片后，放在一张白纸上（由于肉质根、茎中常有汁液，易使标本与吸水纸粘在一起），压入夹中。亦可用沸水将块根、块茎或肉质茎、叶烫死后压制，否则不易压干。

2. 采集标本的压制

压制标本是制作一份合格标本的重要环节。在压制时，将修整好的标本平展在吸水纸上，一部分叶片腹面朝上，一部分叶片背面朝上，这样才能展示叶的背、腹两面的特征；花、果实应完全露出，不要被叶片盖住，必要时显示花的正面和反面；花序、果序应按其野外生长状态压制，如原来是下垂的，不可压成直立的；肉质植物和果实最好切开再压制；要不断调整植物标本根部或粗大部分的位置，以保持整夹标本的平整；整理过程发现采集号模糊、同一种植物采集标签丢失要及时补上采集标签。每份标本整理好后都要盖上 2～3 层吸水纸，注意潮湿或肉质植物标本要多放几层吸水纸。第一个标本放置时，要多放几层吸水纸再放置标本，之后每个标本放 2～3 层吸水纸即可，这样边整理边压制，标本高度达到 40 cm 左右就停止再放标本，最后一份标本也要多盖几张吸水纸，最后将标本夹系紧。注意尽量使标本与吸水纸压紧，不留空隙，以保证标本压得平整，以避免发生皱缩。捆扎好的标本夹，要放在阴凉、通风之处。

压制好的标本，一般第 2 天换纸，但肉质植物或雨后采集标本则当天换纸。一般情况下，第一次换纸后每 2 天换一次纸，也可根据情况随时调整换纸频率，前提是保证植物标本不霉烂。换纸的方法有两种：一种是对于坚硬、不易落叶、不易变形的标本，可直接用手提起，置于干燥的吸水纸上；另一种是柔软而易变形或易于落叶、落花、落果的，则可将干燥的吸水纸放于该标本上，然后连同底层旧吸水纸一同翻转，翻转后，除去翻上来的旧吸水纸即可。第一次换纸时，还要用手或镊子对标本进行修整，需将没有展平的叶片、花瓣等铺展，甚至对标本叶片、枝条等稠密做适当的再次修剪，然后换纸。这样连续更换吸水纸，大约 1 星期即可压干标本。在换吸水纸的过程中，若有叶、花、果实脱落就应及时将脱落部分装入纸袋，并记上采集编号，附于该份标本纸上而不是随意扔掉。压干的标本可暂存在吸水纸中，将来固定在台纸上。换下的湿纸应及时晒干备用，如遇阴天、雨天，可用火烤，以便轮回使用。

实习内容三　植物标本的制作与保存

一、目的与要求

1. 了解植物标本的消毒的方法。
2. 学习和掌握植物蜡叶标本的制作方法。

二、仪器及用具

标本夹、枝剪、塑料袋、野外记录本、野外记录签和定名签、针、线、剪刀等。

三、内容与方法

植物蜡叶标本是将带有叶、花和果实的植物枝条或其全株，经过整理、压平、干燥、装贴而制成的一种植物标本。植物经采集、压制成干标本以后，再进一步固定在台纸上，就制成植物蜡叶标本(图 3-2)。在固定前，通常要对压制好的干标本进行消毒处理，因为植物上常有虫或虫卵，如不消毒，标本就会被虫子蛀食破坏。

采集标本

修剪标本-1

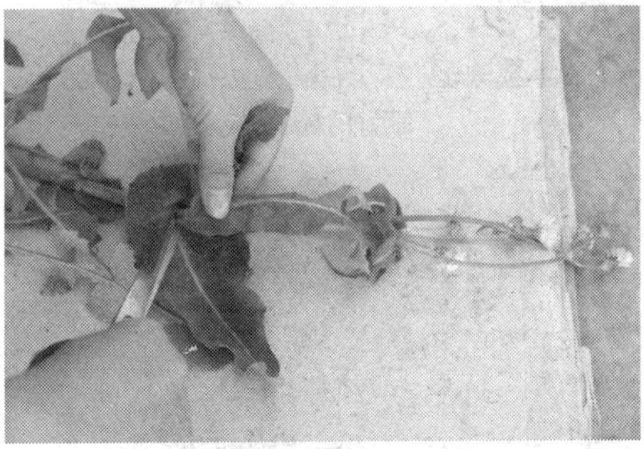

修剪标本-2

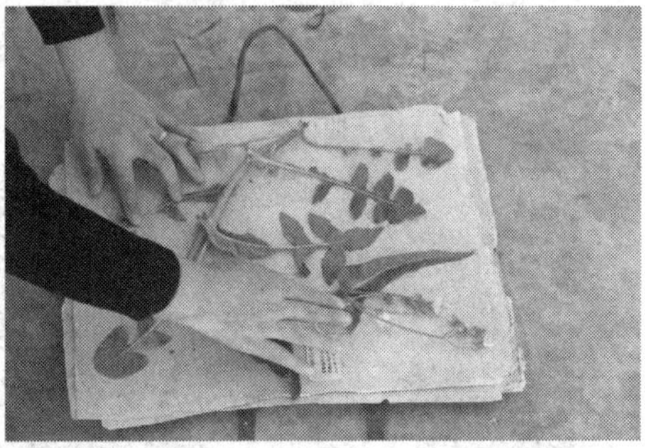

铺展标本-1

铺展标本-2

覆盖吸水纸

图 3-2　植物标本采集、修剪、压制及制作的操作规程(一)

捆标本夹-1

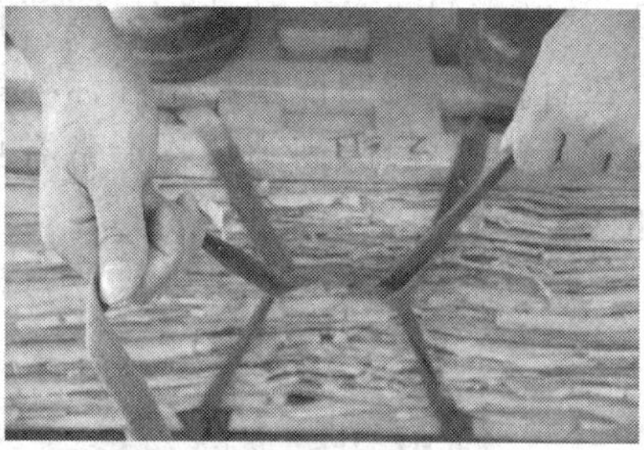

捆标本夹-2

捆标本夹-3

捆好的标本夹

装订标本

填写野外记录标签

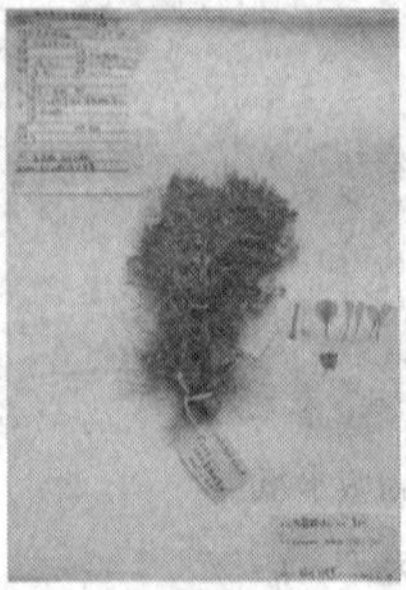

标本居中

标本向右倾斜

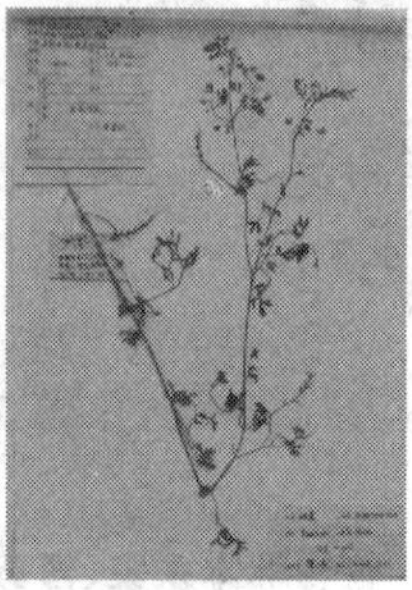

“V”形

“N”形

图 3-2　植物标本采集、修剪、压制及制作的操作规程(二)

(一)标本的消毒

蜡叶标本常用的消毒方法有两种:一种是升汞浸除法。用粉末状或晶体状的升汞溶于95%的酒精中制成饱和溶液做原液,取1份原液与9份95%的酒精相混合,然后将混合液盛于瓷盘中,再将压干的标本从吸水纸中取出放入盘中浸一下即取出,最后置于标本夹的吸水纸中压干;当制作少量标本时,可用毛笔蘸升汞酒精液直接刷在标本的两面亦可,升汞有剧毒,用时须加注意。另一种是气熏法。即把标本放进消毒室或消毒箱内,将四氯化碳、二硫化碳混合液置于玻璃皿内,再放入消毒室或消毒箱内,利用药液挥发来熏杀标本上的虫子或虫卵,约3 d后即可。

(二)标本上台纸

经过消毒并压干的标本即可上台纸。一般台纸采用质地坚硬的道林纸或白板纸,切成标准尺寸为30 cm×42 cm的长方形。上台纸的程序和注意事项如下:

1. 植物标本的摆放

按自然姿态放在台纸上,直放或从左下方向右上方斜放,使左上角和右下角留出贴标签的位置。一般而言,较小的标本摆放在台纸中央略向下的位置;稍大一些的植物标本则摆放在左下角到右上角的对角线上;“V”、“N”、“W”形的标本则尽可能避开左上角和右下角的位置;若标本大,也只能利用台纸左上角的位置而不能占右下角的位置。

2. 植物标本的固定

为了使标本能牢固地固定在台纸上,要在标本的主茎、侧枝、果实甚至是叶的主脉等处用棉线固定。一般标本比较细的部位,如草本植物的茎、叶柄、叶的主脉等常采用纸条粘贴固定。纸条常用描图纸或玻璃纸等,裁剪成宽约0.4 cm,长5～6 cm的细条。粘贴前先用小刀在要固定植物器官部位的两侧划二条平行的纵或斜切口,然后将纸条跨过枝条的主茎或叶柄,用小镊子或刀片将纸条的两端穿入平行的切口中,在台纸背面把它们左右分开,再用胶把纸条两端粘贴在台纸背面。

一般用针线将茎、根粗硬的标本及果实或花序等进行固定。在较粗的枝上选2～3个固定点用针线缝上,然后再在小枝及较大的叶片主脉或果实、花序上也用线缝上。每缝订一处,均在台纸背面打结,并把线剪断,使之不与第二个固定点相连,这样可防止在台纸背面拉线,避免数张标本叠在一起时上面的标本刮坏下面的标本。

3. 贴标签和附拷贝纸

标本固定完毕后,在右下角贴上鉴定标签(定名签),在左上角贴上野外记录签,最后再附上一层拷贝纸,即将拷贝纸的一端固定在台纸的顶端,防止标本之间相互摩擦而破坏标本。

标本经鉴定,填写标签后,可以分门别类地保存起来。如果标本的数量不多,可以收存在一般的柜子中,如果标本很多,则要设置标本柜存放或建立标本室保管。保存标本的柜内一定要放置樟脑和干燥剂,防虫、防潮、防霉变。存放标本的柜子,要放在通风干燥、阴凉的地方。

实习内容四　植物标本的鉴定

一、目的与要求

学习和掌握植物标本鉴定的基本方法。

二、仪器与用具

放大镜、体视显微镜、解剖针、镊子、植物志或植物检索表。

三、内容与方法

鉴定植物标本就是利用现有的资料,如植物志、检索表等,确定植物标本的学名。它是确定植物物种学名的一种手段。

(一)标本鉴定的步骤

1. 了解标本的全面信息

结合标本采集的野外记录信息与图片信息,了解植物的生长环境、生活习性和形态特征,重点了解花、果实的形态特征。

2. 选择合适的工具书和检索表

不同的检索工具书包含的植物检索范围不同,应根据鉴定目标所分布的区域选用相应的鉴定工具书。对在新疆范围内采集的植物标本,可以《新疆植物志》《新疆高等植物科属检索表》作为主要的鉴定工具书,同时可参考《沙漠植物志》《中国植物志》《中国高等植物》《中国高等植物图鉴》等来进行检索鉴定。

3. 植物标本的鉴定

鉴定植物标本要查阅各种工具书。无论哪种工具书,书中都编制了检索表。通过依次查对检索表来最终确定植物的学名。因此,植物检索表是鉴定植物、认识植物不可或缺的工具,也是认识植物、学习植物分类的一把钥匙。

检索表主要分两种类型,一是定距检索表,二是平行检索表。两种检索表所采用的植物形态特征是相同的,而在编排方式上有所不同。在利用植物志等鉴定工具书检索到最后可以查到植物种名,然后有相应文字来详细描述植物形态特征、开花时期、结实时期以及分布区域等,我们可以再次将观察到的形态特征与文字描述一一查对,判定最终结论。

检索过程中应当特别注意：检索表的结构都是以两个相对的性状编写的，而且两个序号都相同。因此，在鉴定时，要根据观察到的植物特征，应用检索表从头向下依次查找，不得随意跳过一序号或多序号；同时，每查一序号，都必须看检索表中相对的另一序号，两序号内容进行比较，分析判断哪一个更符合植物的特征。若只看一项就加以肯定，很容易判断错误。在整个检索过程中，只要有一项出错，就会导致整个鉴定工作的错误，因此，在检索过程中，一定要克服急躁情绪，细心观察和琢磨，按照检索步骤细致紧密地进行。

4. 填写定名签(见附录Ⅵ)

当实物标本与工具书上的文字描述一致，即鉴定完成，就需要把鉴定结果(科名、种名、鉴定人及鉴定时间)写在定名签上，贴在标本的右下角。

(二)鉴定植物标本的注意事项

(1)为了保证鉴定结果的正确性，一定要防止先入为主、主观臆断和倒查等情况。

(2)鉴定到种以后，再仔细核对工具书上对植物的形态特征描述与植物标本的形态特征是否一致，同时核对工具书上记录的植物分布区域、生境及海拔等。

(3)鉴定结束后，还应找有关专著或相关资料进行核对，如查看图鉴，看鉴定结果是否正确。

植物学课程实习考核与总结

一、实践能力考核要求

1. 考核每个小组收集植物标本信息(记录信息和照片信息)的准确性和完整性。

2. 考核每个小组成员野外植物标本采集的动手能力。

3. 考核每个实习小组制作完成标本的数量和质量。

4. 考核每个学生鉴定标本的数量和质量。

5. 考核每个学生识别标本的能力。

二、实习总结要求

实习总结的目的在于让学生把在实习中发现的很多有趣自然现象，例如见到许多羽状复叶的植物分别隶属于不同的科，如何去识别它们；叶对生的植物、草本开花植物、某一大科的植物，如何抓住主要形态特征迅速鉴别；如何依据花的结构设想出唇形科植物花的进化途径；环境与植物的分布之间究竟能找到哪些规律；实习地有多少种植物可供药用和作纤维、淀粉、丹宁、芳香等用途；茎的缠绕性和日出、日落是否有关系等依次用文字表达的方式表示出来。一方面是让学生在感性和理性上的认识都得到进一步提高，同时提升学生深入思考和归纳总结能力以及学生学习的创新能力。

三、实习报告的撰写

(1)确定报告框架：实习报告的框架应包括课程实习的内容、组织安排、实习的效果和收获、实习过程存在的问题和不足以及课程实习改进方法。

(2)整理和思考：从实习一开始到最终结束，大家会对植物的认识有一个从量变到质变的过程，这就靠大家在实习中观察和思考。现在要上升一个高度，在进行标本整理过程中、在标本鉴定过程中又发现了什么，为什么会这样或那样等。一旦通过自己的努力，解答了这些疑问，那将会长久受益。因此，学生应当注重室内整理和思考，并把这个过程写进实习报告，这才体现了在实习中锻炼自我分析问题和解决问题的能力。

(3)心得体会：认真总结和如实撰写自己从实习过程中的收获，包括在感性和理性上的认识提高、最感兴趣的创新活动过程和实践能力的提高，以及剖析实习中存在的遗憾或失误。也为任课教师在下一轮实习中不断改进实践教学方法采取措施提供思路，使植物学课程教学实习成果最优化。

附　录

附录Ⅰ　植物学绘图方法

一、绘图工具

(1)绘图纸:专用实验报告纸或16开道林纸或复印纸。

(2)铅笔:选择硬度适中的铅笔,通常用HB铅笔绘草图,用2H或3H铅笔绘出图的结构。

(3)橡皮:选择白色柔软的橡皮。

(4)尺子一把。

(5)铅笔刀或转笔刀一把。

二、绘图对象的选择要有代表性

绘生物图是对所观察的材料形态结构的真实反映,应选择正常的、有代表性的材料。因此,要认真观察标本,选择需要绘图的部位。生物绘图不同于一般的绘图,一张好的生物图应该是科学性和艺术性的完美结合,尤其要注重科学性和准确性。

三、比例恰当,布局合理

绘图前根据实验报告纸的大小确定所绘图的位置及大小,合理布局,使图和图注在报告纸上所占的面积和位置恰当,力求布局合理美观。所绘的图不必与所观察的标本大小一致,可视需要按比例放大或缩小。

四、打好图稿,先描后绘

确定好绘图的位置后,就开始绘制草图,用HB铅笔轻轻勾画出所选物像的大小轮廓,勾画草图时要注意对照,注意整体的长宽比例是否恰当,也要注意整体和各部分之间的比例是否正确,若有不妥之处,用橡皮轻轻擦去。

确定好草图与实物比例无误后,再用2H的硬笔将各个部分的结构画出。植物图不同于艺术图,各部分结构及特征均以点或线的形式表示,要求线条要一笔勾出,粗细均匀、光滑、清晰、明暗一致,无深浅、虚实之分,线条的衔接处不能有分叉,切忌不能反复描绘;所有结构线条不能用直尺或其他工具代画,必须手绘而成,以免失去植物的自然形态。

明暗和颜色的深浅用衬阴圆点表示,削尖的铅笔垂直纸面,点出来的点应具立体感,圆点要整齐,用力均匀。不能用涂抹阴影的方法代替圆点。

五、图注规范,字迹工整

绘好图后,检查一下与显微镜里的实物是否一致,是否有遗漏,然后把各部分的名称标注出来。图注一般在图的右面,从相应结构部位画出引线,引线用直尺画出,一般保持水平状,不能交叉,以免误指。所有的引线右端点应在同一垂直直线上。图注一律用铅笔,书写要求清楚端正,排列整齐,图题和所用材料的名称和部位写在图的下方。

六、注意事项

绘图时要有耐心,座位的高低必须合适,以免疲劳。草图应一气呵成,避免中途停顿。画线时要肘贴桌面,掌侧和小指抵图纸,从左下向右上方向运笔,使线条均匀、光滑、流畅。

附录Ⅱ　显微镜的类型

近几十年来由于现代科学技术的飞速发展，显微镜的研究和制造技术进展很快，不仅它的精密度和分辨力大大提高，而且制造出了适用于各种用途的显微镜。显微镜根据照明方式的不同可分为两大类，即光学显微镜和非光学显微镜。光学显微镜又可以分为可见光显微镜和不可见光显微镜两大类。非光学显微镜如电子显微镜，又可分为投射电子显微镜和扫描电子显微镜。

一、光学显微镜

1. 可见光显微镜

是指利用光的可见光部分(380～760 nm 波长范围)成像的显微镜。它根据照明技术、成像技术和镜体构造的不同又可以分为很多种。

(1)根据显微镜的照明技术划分

①明视野显微镜：这就是前面所提到的普通显微镜，它是显微镜中最基本最普遍的类型。其他各种类型的特种显微镜都是由它演变而来的，或者只要在这种显微镜上附加或更换特殊的附件就可以变为其他显微镜。

②暗视野显微镜：这种显微镜利用特殊的集光器使照明光线不能直接进入物镜，只有标本表面的散射光进入物镜，因此整个视野的背景是暗的。用这种显微镜能够观察到明视野显微镜所无法分辨的微小颗粒，因此多用于微生物和胶体微粒的观察。

③荧光显微镜：这是一种利用一定波长的光使标本的特异性物质受到激发而发射荧光，通过观察荧光研究标本的特异性物质成分或标本的特异结构的显微镜。这种显微镜具有特殊的照明系统、荧光垂直照明器以及暗视野集光器。

(2)根据像的形成技术划分

①相差显微镜：这是一种使光波通过样品时波长与振幅发生变化，以增大物体的明暗反差，用来观察未染色的活体细胞和组织细微结构的显微镜。这种显微镜具有特殊的相差集光器和相差物镜。

②干涉相差显微镜：这种显微镜使通过标本的光线和通过标木之外的光线发生干涉并把光的相位变化变为振幅变化，从而可以观察染色或未染色物体的细微结构并能测定标本中干物质的含量。

③偏光显微镜：这是一种利用偏振光原理来观察具有双折射特性物质的显微镜。这种显微镜多用于矿物学和岩石学，在生物学和医学中可用于观察和研究具

双折射特性的纤维蛋白、淀粉粒、纺锤丝等结构。

(3)根据镜体构造划分

①倒置显微镜:这是一种把照明系统置于载物台上面,把物镜置于载物台下面的显微镜。这种显微镜由于大大加长了载物台上放置样品的高度,可以放置培养器皿。因此多用于观察培养的活体细胞和组织。

②实体显微镜:这是一种利用斜射光照明观察物体的外部形态和立体结构的显微镜。这种显微镜放大倍数较低,一般为(60～500)×。但它的应用范围非常广泛,可用于工农业生产及科学文化事业的许多领域。

③比较显微镜:这实际上是一种合并在一个镜架上的两台显微镜,但是它可以把两个标本的像借助于棱镜组合在一个目镜的两半视野内,用以比较两个标本的结构和染色。

2. 不可见光显微镜

这是一类利用光谱的可见光部分以外的非可见光形成像的显微镜。这类显微镜是近 20 年内发展起来的特殊用途的显微镜,它可以分为:

(1)紫外光显微镜:这是一种使用波长在 380～360 nm 以下的紫外光形成物体像的显微镜。它最初被用于增大分辨率,现在主要用于对紫外光有选择吸收物质的显微光度和显微分光光度的研究。

(2)红外光显微镜:这是一种使用波长在 760～1 500 nm 范围内的红外光形成物体像的显微镜。它可以使用可见光观察不透明的一定的物质变得透明,例如可用于研究昆虫中渗入黑色素的甲壳质层。

(3)X 射线显微镜:这是一种利用波长极短而具强大穿透力的 X 射线来形成物体像的显微镜。它可以用来观察较厚标本中的空间结构以及矿质化或角质化的材料。

二、电子显微镜

1. 透射电子显微镜

透射电镜是应用最广泛的一种电子显微镜,占使用电镜的 80%,其分辨率、放大倍率及各项性能比其他类型电镜高。透射电镜是用电子束照射标本,用电磁透镜收集穿透标本的电子,并放大成像,用以显示物体内部超微结构的装置。透射电镜所产生的图像是平面的,它的分辨率可达 0.2 nm,放大倍数可达 40 万～100 万倍。它要求样品极薄,因此样品必须制备成 50～70 nm 的超薄切片。

2. 扫描电子显微镜

扫描电子显微镜是利用细电子束在样品上逐点逐行进行扫描,收集样品产生的某种信号，对样品表面的形态进行观察的装置。由光镜或 TEM 所产生的图像是平面的，而扫描电镜能观察样品表面凸凹不平的结构，得到立体的、富有真实感的图像，如细胞表面的微绒毛、纤毛、伪足等，还可以观察冷冻断裂的组织内部结构。扫描电子显微镜的分辨率可达 0.3 nm，放大倍数可达 20 万倍，它主要是利用二次电子成像。

附录Ⅲ 植物制片技术

一、临时装片的制作

临时装片是采用一定的方法将植物材料制成可在显微镜下观察的材料，放在载玻片上的水滴中，加上盖玻片制成的。用来观察的材料可以是单细胞、丝状体或单层细胞组成的植物体，也可以是植物表皮等结构撕取后制片，也可以是徒手切片法将植物切成薄片。其制作过程如下：

(1)将载玻片和盖玻片用水洗净，用清洁的纱布擦干净。擦时用左手拇指和食指夹住其边缘，右手将纱布包住载玻片的上下面，轻轻擦拭。擦盖玻片时应小心，用力要均匀，避免将盖玻片弄碎。

(2)用玻璃滴管在载玻片的中央滴一滴水，用镊子选取切好的材料放入水中并展开，注意不要重叠和皱缩。

(3)用镊子夹取盖玻片，使盖玻片的一边在观察材料的左边，倾斜约45°与水滴接触，慢慢放下盖玻片，避免产生气泡，影响观察。

(4)制作好的临时装片应使水滴充满盖玻片下面的空间，但不要溢出，如果盖玻片下面的水太多，应当用吸水纸从一旁吸去。如果没充满可以从盖玻片一侧滴入一小滴水，以赶走气泡便于观察。

(5)如果需要染色可在盖玻片一侧适量加一滴染液，在相对的一侧用吸水纸吸去多余的染液，注意不要让染液污染镜头。

(6)如果所做的临时装片需要短期保存，可以在临时制片材料上加一滴10%甘油水溶液后再加盖玻片，平放于培养皿中加盖。也可以在盖玻片周围用指甲油封存。这样处理过的临时装片，可以保持1周。

二、徒手切片的制作

徒手切片法不需要任何的机械设备，只需要一把锋利的刀片就可以完成切片的制作，方法简单，也容易保持植物的生活状态，有很大的实用价值。

(1)选择软硬适度的材料，先截成适当的段块。一般直径大小以3～5 mm、长度以20～30 mm为宜。若材料太软，如幼叶等，不能直接拿在手中进行切片，可用适当大小的马铃薯块茎或萝卜块根等作支持物，将材料夹入其中，一起切片。

(2)用左手拇指、食指和中指夹住材料，使其稍突出在手指之上，拇指略低于食指，以免刀口损伤手指。材料和刀刃上蘸水，使其湿润。右手拇指和食指横向平握刀片，刀片要与材料断面平行，刀刃放在材料左前方稍低于材料断面的位置，以均匀的力量和平稳的动作从左前方向右后方拉切。切片时要用臂力而不用腕力，手腕不要动，靠肘、肩关节的屈伸来切片，拉切要快，中途不要停顿，更不能用拉锯方式进行切片。

(3)每切 2～3 片就要把刀片上的薄片用湿毛笔移入盛有清水的培养皿中暂存备用。如发现材料切面出现倾斜，应修平切面后再继续切片。

(4)连续切下很多切片后，挑选最薄的切片放于加 1 滴清水的载玻片上，盖上盖玻片，制成临时装片，进行镜检、观察。

三、石蜡切片的制作

植物大而厚的组织是不能直接置于显微镜下观察的，必须进行切片制作。石蜡切片法是用石蜡浸透到组织中进行包埋，然后用旋转切片机将蜡块切成薄片而制成切片。它的优点是能够得到薄而均匀的连续切片，经过处理后制成永久制片长期保存使用，是常用的植物制片方法。

石蜡切片的操作过程包括：取材与分割、固定、脱水、透明、浸蜡与包埋、切片、粘片、烘片、脱蜡、复水、染色、脱水、透明和封固。

(1)取材与分割：植物制片材料的选取，应根据观察的目的性而定，要求具有典型性和代表性。在取材过程中要保持植物体的原状，尽可能不损伤植物体，尤其是要观察的部分。取材后将其分割成 0.5～1 cm^3 的小块。分割时刀片要锋利，材料不能挤压变形。分割后的材料应迅速投入装有固定液的小瓶中。

(2)固定：为了使植物保持原有的生活状态，材料分割后立即投入固定液，以免使组织结构发生萎缩或分解。常用的固定液有福尔马林-乙酸-乙醇(FAA)固定液和卡尔诺(Carnoy's)固定液等，这两种固定液的固定时间是 2～24 h。FAA 既是良好的固定剂，也是保存剂，材料可在其中长久保存，不需要水洗可直接进行下一步的脱水过程。而卡尔诺固定液不能做保存液，固定后要进行洗涤，再行脱水和保存。

(3)脱水、透明：材料中含有水，水与石蜡不能混合，所以必须脱水。脱水需按照以下乙醇质量分数梯度进行脱水，通常由 30%、50%、70%、80%、90%、100%的乙醇依次进行，每次需经 1 h，材料大的需延长脱水时间。

材料脱水后，材料中含乙醇，乙醇与蜡也不能混合，仍需除去。脱乙醇通常需要用二甲苯渐次替代。一般按下面的次序进行：2/3 乙醇(100%)＋1/3 二甲苯、1/2 乙醇(100%)＋1/2 二甲苯、1/3 乙醇(100%)＋2/3 二甲苯、二甲苯，每次时间为 1 h。二甲苯有透明作用，所以又叫透明剂。

(4)浸蜡与包埋：材料投入最后一次二甲苯中透明后即可浸蜡。先将温箱温度调至 37℃，在已熔的材料中加入蜡屑至过饱和，放置 1 d；再将温箱温度升高到 45℃，在已熔的材料中加入蜡屑至过饱和，放置 1 d；最后将温箱温度升高到 60～62℃，换 3 次纯蜡，并进行包埋，此过程不超过 2 h，否则材料会变脆。

包埋时将材料摆在提前叠好的包埋纸盒中，加入融化的纯石蜡，用加热的镊子赶走材料周围的气泡，将纸盒放入冷水中使蜡迅速凝固。

(5)切片、粘片、烘片：将包埋好的石蜡块经分割、修块，粘在载蜡器上，放入冷水中冷却后夹到切片机夹物部，调整切片刀的角度，一般 5°～8°为宜。切片厚度一般为 8～14 μm。

将一滴粘贴剂滴到载玻片的中央，用小手指涂匀，然后加上水，将切片(小段蜡带)平放于载玻片上，然后放在展片台上展片。蜡带展平后用滤纸吸走蜡带周围多余的水分。

将粘好蜡带的片子放在温箱里，烘 24 h 即可，温箱温度不得超过 45℃。如果急用，可在温箱内加一小杯甲醛，15 min 即可将片子烘干，但一般不采用此法。

(6)脱蜡、复水、染色：脱蜡前应注意切片一定要是热的，先将二甲苯盛入染色缸中，将已烘干的玻片放入缸中 10～15 min，使石蜡完全溶解。需注意的是二甲苯一定要是新鲜的，如果发现装二甲苯的瓶子底部有固体物，则说明二甲苯里面有了石蜡，不可再用。

复水是指将材料从 100％的乙醇依次进入 90％、80％、70％、50％、30％的乙醇，最后进入到蒸馏水的过程，每级 4～5 s。

染色的方法有很多，根据制片的目的不同选择不同的染色方法。常用的染色方法有番红和固绿双重染色、铁矾苏木精染色等。番红固绿染色时，前一步的酒精浓度下降到 70％即可。番红为 0.5％～1％的乙醇(50％～70％)溶液，固绿为 0.5％～1％的乙醇溶液(95％)。番红染色需要持续 12～24 h，固绿着色能力强，一般需要染色 30 min 左右。

此后切片进入 95％乙醇溶液中分色 1 min；随后切片进入 100％乙醇(Ⅰ)、100％乙醇(Ⅱ)、2/3 乙醇＋1/3 二甲苯、1/2 乙醇＋1/2 二甲苯、1/3 乙醇＋2/3 二甲苯、二甲苯，各级每次 1 min。之后用加拿大树胶封片，贴标签。

附录Ⅳ　植物学常用试剂及配制

一、固定液的配制

1. FAA 固定液

取 70%酒精 90 mL,加入 5 mL 甲醛和 5 mL 冰醋酸即成。

2. 卡尔诺固定液

取 3 份无水乙醇和 1 份冰醋酸混合即成。

3. 离析液

(1)硝酸-铬酸离析液:以 10%硝酸液和 10%铬酸液等量混合即可。此液适于对导管、管胞和纤维等木质化的组织进行解离时使用。

(2)盐酸-酒精离析液:将浓盐酸 1 份和 95%酒精 1 份等量混合即可。

(3)硝酸-氯化钾:硝酸 5 mL 与 1 g 氯化钾混合,加热 5 min,即可离析木材。

二、染色液的配制

1. 番红染色液

将 1 g 番红溶于 100 mL 50%酒精中,配成 1%浓度的番红染色液。

2. 固绿染色液

将 0.5 g 固绿溶于 100 mL 95%酒精,配成 0.5%固绿染色液。

3. 改良苯酚品红染液

母液 A:取 3 g 碱性品红,溶于 100 mL 的 70%酒精中,此液可以长期保存。

母液 B:取 A 液 10 mL,加入 90 mL 15%苯酚(即石炭酸)水溶液,在 2 周内使用。

苯酚品红染液(C):取 B 液 55 mL,加入 6 mL 冰醋酸和 6 mL 37%甲醛,可长期保存。

改良苯酚品红液(D):取 C 液 10～20 mL,加入 90～80 mL 45%冰醋酸和 1 g 山梨醇,2 周后使用。经苯酚品红染色后核和染色体呈鲜紫红色,细胞壁、细胞质不着色,是很好的核染色剂。

4. 铁矾苏木精液(又名 Heidenhain's 苏木精液)

取苏木精 0.5 g,95%酒精 10 mL,重蒸馏水 90 mL。将苏木精先溶于 10 mL 酒精中,然后慢慢倒入重蒸馏水中,瓶口用纱布扎紧静置于有光处。约 1 个月后,苏木精被氧化,溶液变为深琥珀色,即可用。此时要将瓶塞塞好。此液可以放置很久，是较好的染核结构的染色剂。

三、碘-碘化钾溶液的配制

先用 3 g 碘化钾溶于 100 mL 蒸馏水中，再加入 1 g 碘，溶解后即可使用。若用于淀粉的鉴定，还要稀释 3～5 倍，用于观察淀粉粒上的轮纹，则需稀释 100 倍以上。

附录Ⅴ　植物实习常见植物名录

一、蓝藻门 Cyanophta

念珠藻属 *Nostoc*

发菜 *Nostoc flagelliforme* Bom. et Flah

地耳 *Nostoc commue* Vauch

二、绿藻门 Chlorophyta

水绵属 *Spirogyra*

水绵 *Spirogyra intorta* Jao

三、红藻门 Phodophyta

紫菜 *Porphyra* sp.

四、褐藻门 Phaeophyta

海带 *Laminaria japonica* Aresch

五、蕨类植物门 Pteridophyta

木贼纲 Equisetum

问荆 *Equisetum arvense* L.

木贼 *Equisetum hiemale* L.

节节草 *Equisetum ramosissimum* Desf.

六、裸子植物门 Gymnospermae

柏科 Cupressaceae

主要特征：叶对生或轮生，鳞片状或刺形；小孢子囊常多于 2 个，胚珠也常多于 2 个；种鳞盾形，木质或肉质，交互对生或轮生；种子两侧具窄翅或无翅，或上面有一长一短的翅。

侧柏 *Platycladus orientalis*（L.）Franco

圆柏 *Sabina chinensis*（L.）Ant

刺柏 *Juniperus formosana* Hayata

龙柏 *Juniperus chinensis* L. var. *kaizuca* Hort.

松科 Pinaceae

主要特征：叶互生或簇生，针形或线形；孢子叶球单性同株；小孢子叶各有 2 个小孢子囊，小孢子多数有气囊；大孢子叶球的苞鳞常能分离，珠鳞发达，近轴面基部有2枚胚珠；种子有翅。

雪岭杉/雪岭云杉 *Picea schrenkiana* Fisch. et Mey.

雪松 *Cedrus deodara*（Roxb）Loud.

七、被子植物门 Angiospermae

双子叶植物纲 Dicotyledoneae

毛茛科 Ranunculaceae

主要特征：多草本；花两性，整齐，各部均为分离，雄蕊多数，心皮多数，离生，常呈螺旋状排列；多聚合瘦果。

三裂碱毛茛 *Halerpestes tricuspis*（Maxim.）Hand.-Mazz.

长叶碱毛茛 *Halerpestes ruthenica*（Jdcq.）Ovcz.

水葫芦苗 *Halerpestes cymbalaria*（Pursh）Green

东方铁线莲 *Clematis oriental* L.

牡丹 *Paeonia suffruticosa* Andr.

芍药 *Paeonia lactiflora* Pall.

黄连 *Coptis chinensis* Franch.

准噶尔铁线莲 *Clematis songarica* Bunge

石竹科 Caryophyllaceae

主要特征：草本，茎节部膨大；叶对生；聚伞花序或单生，雄蕊为花瓣的2倍，特立中央胎座；蒴果。

石竹 *Dianthus chinensis* L.

拟漆姑 *Spergularia salina* J. et C. Presl

裸果木 *Gymnocarpos przewalskii* Bunge ex Maxim.

雀舌草 *Stellaria uliginosa* Murr.

罂粟科 Papaveraceae

主要特征：多草本，少灌木；叶常互生，多分裂；花多单生，两性，花瓣4～6或更多，2轮，雄蕊多数，分离，心皮2至多个，合生，子房上位，1室；蒴果瓣裂或孔裂，种子多数。

罂粟 *Papaver somniferum* L.

虞美人 *Papaver rhoeas* L.

藜科 Chenopodiaceae

主要特征：草本，植物体外常具粉粒；花小，单被，雄蕊与萼片同数且对生；

胞果。

菠菜 *Spinacia oleracea* L.

甜菜 *Beta vulgare* L.

西伯利亚滨藜 *Atriplex sibirica* L.

中亚滨藜 *Atriplex centralasiatioa* Iljin.

灰绿藜 *Chenopodium glaucum* L.

藜 *Chenopodium album* L.

盐生草 *Halogoton glomevatus* (Bieb.) C. A. Mey.

白茎盐生草 *Halogeton glomeratus* (Bieb.) C. A. Mey.

盐穗木 *Halogoton caspica* (Bieb) C. A. Mey.

地肤 *Kochia scoparia* (L.) Schrad.

木地肤 *Kochia prostrata* (L.) Schrad

碱蓬 *Suaeda glauca* (Bunge) Bunge

硬枝碱蓬 *Suaeda rigida* Kung et G. L. Chu

角果碱蓬 *Suaeda carnicutata* (C. A. Mey.) Bge.

镰叶碱蓬 *Suaeda crassifolia* Pall.

盐地碱蓬 *Suaeda salsa* Pall.

五蕊碱蓬 *Suaeda arcuata* Bunge

星花碱蓬 *Suaeda stellatiflora* G. L. Chu

小叶碱蓬 *Suaeda microphylla* (C. A. Mey.) Pall.

刺沙蓬 *Salsola ruthenica* Iljin

盐爪爪 *Kalidium foliatum* (Pall.) Moq.

里海盐爪爪 *Kalidium caspicum* (L.) Ung.-Sternb.

猪毛菜 *Salsola collina* Pall.

白梭梭 *Haloxylon persicum* Bge. ex Boiss. et Buhse.

盐角草 *Salicornia europaea* L.

合头草 *Sympegma regelii* Bge.

马齿苋科 Portulaceae

主要特征:单叶互生或对生,常肉质,托叶膜质或刚毛状;花两性,整齐,花瓣2～5,由2～3心皮组成,子房上位(马齿苋属半下位),1室,胚珠少数至多数或只1个;蒴果环裂,稀为不裂的坚果。

大花马齿苋/半支莲/太阳花 *Portulaca grandiflora* Hook.

马齿苋 *Portulaca oleracea* L.

苋科 Amaranthaceae

主要特征：草本；单叶，无托叶；花小，雄蕊与萼片对生；常为胞果盖裂。

鸡冠花 *Celosia cristata* L.

反枝苋 *Amaranthus retroflexus* L.

凹头苋/野苋 *Amaranthus lividus* L.

仙人掌科 Cactaceae

主要特征：茎肉质，茎上有螺旋状排列的特殊刺座，其上着生有刺、毛、腺体、钩毛、花或芽；叶常退化，仅少数有正常的叶片；花通常为两性，辐射对称或两侧对称，花被片多数，雄蕊多数，多着生于花的喉部，单心皮雌蕊，远远伸出雄蕊之外。

仙人掌 *Opuntia stricta*（Haw.）Haw. var. *dillenii*（Ker-Gawl.）Benson

仙人柱 *Cereus peruvianus* L.

蓼科 Polygonaceae

主要特征：草本；节部膨大，托叶膜质，鞘状抱茎；花小，两性，花被片花瓣状，雄蕊与花被片对生；瘦果包在宿存的花被内。

萹蓄 *Polygonum aviculare* L.

荞麦 *Fagopyrum esculentum* Moench.

何首乌 *Fallopia multiflora*（Thunb.）Harald.

大黄 *Rumex officinale* Baill.

泡果沙拐枣 *Calligonum junceum*（Fisch. et Mey.）Litv.

心形沙拐枣 *Calligonum cordatkum* E. Kor. ex N. Pavl.

密刺沙拐枣 *Calligonum densum* Borszcz.

山蓼 *Oxyria digyna*（L.）Hill.

水蓼 *Polygonum hydropiper* L.

西伯利亚蓼 *Polygonum sibiricum* Laxm.

习见蓼 *Polygonum plebeium* R. Br.

酸模叶蓼 *Polygonum lapathifolium* L.

帕米尔酸模 *Rumex pamiricus* Rech. f.

凤仙花科 Balsaminaceae

主要特征：肉质草本；单叶互生或对生；花两性，两侧对称，萼片 3～(5)，最下 1 片延长成距，或稀无距，花瓣 5，侧生 2 瓣常相连，上边 1 片常直立；雄蕊 5，子房 5 室，胚珠多数；蒴果，稀为浆果状核果。

凤仙花/指甲花 *Impatiebs balsamina* L.

金莲花科 Tvaapealolaceae

主要特征：一年生或多年生稍肉质草本，常有液汁；单叶，无托叶；花单生，两性，左右对称，花瓣5，萼片5，其中之一延长成一长距；雄蕊8枚，分离；子房上位，3室，每室具1胚珠，花柱1，柱头3。

旱金莲 *Tropaeolum majus* L.

蒺藜科 Zygophyllaceae

主要特征：灌木或草本；单叶或羽状复叶；花两性，子房上位，花丝基部或中部有附属物。

蒺藜 *Tribulus terrester* L.

骆驼蓬 *Peganum harmala* L.

霸王 *Zygophyllum xanthoxylum* Bunge

细茎驼蹄瓣 *Zygophyllum brachypterum* Kar. et Kir.

小果白刺 *Nitraria sibirca* Pall.

大白刺 *Nitraria roborowskii* Kom

泡泡刺 *Nitraia sphaerocarpa* Maxim

白刺 *Nitraria tangutorum* Bobr

蔷薇科 Rosaceae

主要特征：草本，灌木或乔木，常具刺；单叶互生，具托叶；花两性，花托凸起或凹陷，萼裂片，花瓣常为5片，雄蕊多数，心皮离生或合生，子房上位；果实为瘦果、梨果、核果。

野蔷薇 *Rosa multiflora* Thunb.

疏花蔷薇 *Rosa laxa* Retz.

宽刺蔷薇 *Rosa platyacantha* Schrenk

月季花 *Rosa chinensis* Jacq.

玫瑰 *Rosa rugosa* Thunb.

杜梨 *Pyrus betulifolia* Bunge.

苹果 *Malus pumilla* Mill.

山里红 *Crataegus pinnatifida* var. *major* N. E. Br.

山楂 *Crataegus pinnatifida* Bge.

蕨麻/鹅绒萎陵菜 *Potentilla anserina* L.

西北沼委陵菜/白花沼萎陵菜 *Comarum salesovianum* (Stepn.) Asch. et Gr.

海棠 *Malus persica* (L.) Batsch.

杏 *Armeniaca vulgaris* Lam.

樱桃 *Prunus pseudocerasus* (Lindl.) G. Don

榆叶梅 *Amygdalus triloba* (Lindl.) Ricker

李 *Prunus salicina* Lindl.

枇杷 *Eriobotrya japonica* (Thunb.) Lindl.

豆科 Leguminosae

主要特征:草本,灌木或乔木,有时为藤本;羽状复叶或三出复叶,具托叶;二体雄蕊,荚果。

皂荚 *Gleditsia sinensis* Lam.

含羞草 *Mimosa pudica* L.

合欢 *Albizia julibrissin* Durazz.

大豆 *Glycine max* (L.) Merr.

花生 *Arachis hypogaea* L.

豌豆 *Pisum sativum* L.

豇豆 *Vigna unguiculata* (L.) Walp.

菜豆 *Phaseolus vulgaris* L.

绿豆 *Vigna radiata* (Linn.) Wilczek

扁豆 *Lablab purpureus* (Linn.) Sweet

赤豆 *Vigna angularis* (Willd) Ohwi et Ohashi

紫苜蓿/紫花苜蓿 *Medicago sativa* L.

紫穗槐 *Amorpha fruticosa* L.

白花草木犀 *Meliotus albus* Desr.

草木犀/黄花草木犀 *Melilotus officinalis* (Linn.) Pall.

刺槐 *Robinia pseudoacacia* L.

毛刺槐/毛洋槐 *Robinia hispida* L.

苦豆子 *Sophora alopecuroides* L.

苦马豆 *Swainsona salsula* (Pall.) DC.

小花棘豆 *Oxytropis glabra* (Lam.) DC.

细叶百脉根 *Lotus tenuis* Waldst. et Kit. ex Willd. Enum.

甘草 *Glycyrrhiza uralensis* Fisch.

光果甘草/洋甘草 *Glycyrrhiza glabra* L.

胀果甘草 *Glycyrrhiza inflata* Batal.

骆驼刺 *Alhagi sparsifolia* Shap.

铃铛刺 *Halimodendron halodendron* (Pall.) Voss.

新疆野豌豆 *Vicia costata* Ledeb.

槐 *Sophora japonica* L.

龙爪槐 *Sophora japonica* Linn. var. *japonica* f. *pendula* Hort.

红车轴草 *Trifolium pratense* L.

白车轴草 *Trifolium repens* L.

桑科 Moraceae

主要特征：木本，常具乳汁；单叶互生；花单性，单被，萼片与雄蕊同数对生，子房上位；果实多为聚花果。

桑 *Morus alba* L.

无花果 *Fucus carica* L.

啤酒花 *Humulus lupulus* Linn.

印度橡胶树/印度榕 *Ficus elastica* Roxb. ex Hornem.

榆科 Vimaceae

主要特征：木本；单叶互生，在枝上排成二列状，叶基常偏斜，托叶早落；花小，花单被，萼片状，4～8 裂，宿存，雄花中常有退化雌蕊；子房上位，2 心皮，1 室或 2 室，每室 1 胚珠，双珠被，花柱 2，柱头头状；翅果、坚果或核果，种子无胚乳。

榆树 *Vlmus pumila* L.

圆冠榆 *Ulmus densa* Litw.

垂枝榆/垂榆 *Ulmus pumila* L. cv. ‘Tenue’

裂叶榆 *Ulmus laciniata*（Trautv.）Mayr.

胡桃科 Juglandaceae

胡桃/核桃 *Juglans regia* L.

柽柳科 Tamaricaceae

主要特征：木本；叶小，鳞片状，无托叶，具泌盐腺体；花小，整齐，4～5 基数，侧膜胎座；蒴果，种子被毛或顶端具束毛；蒴果 3～5 裂，种子小。

心叶水柏枝 *Myricaria pulcherrima* Batal.

多枝柽柳 *Tamarix ramosissima* Ledeb.

长穗柽柳 *Tamarix elongata* Ldb.

多花柽柳 *Tamarix hohenackeri* Bunge

刚毛柽柳 *Tamarix hispida* Willd.

五柱红砂 *Reaumuria kaschgarica* Rupr.

红砂 *Reaumuria songarica*（Pall.）Maxim.

十字花科 Cruciferae

主要特征：草本，单叶互生，基生叶常呈莲座状，无托叶；花两性，总状花序，十字形花冠，四强雄蕊，侧膜胎座；角果，具假隔膜，种子无胚乳。

毛果群心菜/泡果荠 *Cardaria pubescens*（C. A. Mey.）Jarm.

宽叶独行菜 *Lepidium laffolum* L.

群心菜 *Cardaria drada*（L.）Desv.

擘蓝 *Brassica caulorapa* Pasq.

甘蓝/卷心菜 *Brassica oleracea* var. *capitata* L.

花椰菜/菜花 *Brassica oleracea* var. *botrytis* L.

白菜 *Brassica pekinensis*（Lour.）Rupr.

芸苔/油菜 *Brassica campestris* L.

萝卜 *Raphanus sativus* L.

荠 *Capsella bursa-pastoris*（L.）Medic.

红萝卜 *Raphanum sativus* f. *sinoruber* Makinl

紫罗兰 *Matthiola incana*（L.）R. Br.

青菜 *Brassica chinensis* L.

鼠李科 Rhamnaceae

主要特征：乔木或灌木，具刺；单叶；花两性，聚伞花序，花小，雄蕊和花瓣同数并对生，花盘肉质，子房上位，基生胚珠；核果。

枣 *Ziziphus jujuba* Mill.

酸枣 *Ziziphus jujuba* Mill. var. *spinosa*（Bunge）Hu ex H. F. Chow

葡萄科 Bitaceae

主要特征：藤本；茎卷须与叶对生；花瓣镊合状排列，雄蕊与花瓣对生，子房上位，中轴胎座；浆果。

葡萄 *Vitis vinifera* L.

爬山虎 *Parthenocissus tricuspidata*（S. et Z. ）Planch.

五叶地锦 *Parthenocissus quinquefolia*（L.）Planch.

苦木科 Stmasubaceae

主要特征：乔木或灌木，树皮有时极苦；花序腋生，总状花序或圆锥花序，花小，单性异株或杂性，稀为两性，萼 3～5 裂，花瓣 3～5，花盘球状或杯状，雄蕊与花瓣同数或 2 倍，子房上位，2～5 室，每室有 1 胚珠，稀更多；核果、蒴果或翅果。

臭椿 *Ailamthus altissima*（Mill.）Swingle

楝科 Meliaceae

主要特征：乔木或灌木；通常为 1～3 回羽状复叶，少数为 3 小叶或单叶，无托叶；花两性或杂性，通常 5 基数；雄蕊花丝通常合生成不同形状的雄蕊管，为花瓣的 2 倍或与花瓣等数；子房上位，分离或与花盘合生，常 4～5 室，每室有胚珠 1～2 颗或很多；果为蒴果、浆果或核果，种子常有假种皮，有时具膜质翅。

香椿 *Toona sinensis*（A. Juss.）Roem.

锦葵科 Malvaceae

主要特征：草本或木本；单叶互生；花两性，具副萼，单体雄蕊，子房上位，中轴胎座；蒴果或分果。

锦葵 *Malva rosea*（Linn.）Cavan.

朱槿/蜀葵 *Althaea rosea*（L.）Cavan.

扶桑 *Hibiscus rosa-sinensis* L.

野西瓜苗 *Hibiscus trionum* L.

苘麻 *Abutilon theophrasti* Medicus

陆地棉 *Gossypium hirsutum* L.

海岛棉/长绒棉 *Gossypium barbadense* L.

大戟科 Euphorbiaceae

主要特征：常具乳汁；单叶基部常有 2 个腺体；花单性；蒴果。

蓖麻 *Ricinus communis* L.

地锦 *Euphorbia humifusa* Willd. ex Schlecht.

巴豆 *Croton tiglium* L.

漆树科 Anacardiaceae

火炬树 *Rhus typhina* L.

列当科 Orobanchaceae

主要特征：寄生草本，无叶绿素；叶鳞形，互生；花单生于叶腋或苞腋，常集成顶生总状或穗状花序，两性，萼 2～5 裂，花冠 5 裂，二唇形，裂片覆瓦状排列；雄蕊 4，二强，着生花冠上，雌蕊由 2（稀 3）心皮结合而成，子房上位，常 1 室；蒴果。

列当 *Orobanche coerulescens* Steph.

肉苁蓉 *Cistanche deserticola* Ma

伞形科 Vmbelliferae

主要特征：草本，具分泌腔，常含芳香油；茎多中空；叶互生，常为羽状裂叶或羽状复叶，叶柄基部成鞘状抱茎；复伞形花序，花小，两性，子房下位；双悬果。

胡萝卜 *Daucus carota* var. *sativus* Hoffm.

茴香 *Foeniculum vulgare* Mill.

芫荽 *Coriandrum sativum* L.

旱芹/芹菜 *Apium graveolens* L.

孜然 *Cuminum cyminum* L.

报春花科 Primulaceae

主要特征：草本，稀为小灌木，常有腺点；单叶，无托叶；花两性，常二型，辐射对称，排成总状或伞形花序，稀单生；花萼常5裂，宿存，花冠合生成管状、轮状或高脚碟状，通常5裂；雄蕊5，与花冠裂片同数而对生，花药内向；子房上位，稀半下位，心皮常5，1室，特立中央胎座；果实为蒴果。

海乳草 *Glaux maritima* L.

木犀科 Oleaceae

主要特征：木本，叶对生，无托叶；圆锥或聚伞花序，花整齐，花瓣常4裂，果实为浆果、核果、蒴果或翅果。

小蜡 *Ligustrum sinense* Lour.

小叶女贞 *Ligustrum quihoui* Carr.

茉莉花 *Jasminum sambac*（L.）Ait.

连翘 *Forsythia suspensa*（Thunb.）Vahl

紫丁香 *Syringa oblata* Lindl.

小叶白蜡 *Fraxinus bungeana* Dc.

迎春花 *Jasminum nudiflorum* Lindl.

暴马丁香 *Syringa reticulata*（Blume）Hara var. *amurensis*（Rupr.）Pringle

夹竹桃科 Apocynaceae

主要特征：攀援或直立灌木，有乳汁；单叶多对生，全缘；花一般5基数，管状花冠，裂片扭转卷叠式；雄蕊生于花冠管上；雌蕊由2心皮组成，子房上位，稀半下位，2室。果实类型多，种子常有种毛。

白麻 *Poacynum pictum*（Schrenk）Baill.

小花罗布麻 *Apocynum venetum* L.

夹竹桃 *Nerium indicum* Mill.

萝藦科 Asclepiadaceae

主要特征：草本、藤本或灌木，有乳汁；单叶，对生或轮生，无托叶；花两性，辐射对称，5数；花萼微短，裂片5；雄蕊5，花丝合生成一管包围雌蕊，花药与柱头黏合成中心柱，花盘有或无，子房上位，2个离生心皮，花柱2，合生；果为2个蓇葖果或因1个不发育而成单生，种子有种毛，胚乳薄。

羊角子草 *Cynanohum cathayense* Tsiang et Zhang.

戟叶鹅绒藤 *Cynanchum sibiricum* Willd.

葫芦科 Cucurbitaceae

主要特征:草质藤本,具卷须;单叶互生,掌状分裂;花单性,雄蕊常连合,花药盘曲,子房下位,侧膜胎座;瓠果。

南瓜 *Cucurbita moschata* (Duch. ex Lam.) Duch. ex Poiret

笋瓜 *Cucurbita maxima* Duch. ex Lam.

苦瓜 *Momordica charantia* L.

西瓜 *Citrullus lanatus* (Thunb.) Matsum. et Nakai

甜瓜 *Cucumis melo* L.

黄瓜 *Cucumis sativus* L.

冬瓜 *Benincasa hispida* (Thunb.) Cogn.

西葫芦 *Cucurbita pepo* L.

瓠子 *Lagenaria siceraria* (Molina) Standl. var. *hispida* (Thunb.) Hara

杨柳科 Salicaceae

主要特征:乔木或灌木;单叶互生,有托叶;雌雄异株,葇荑花序,无花被,有花盘和蜜腺,侧膜胎座;蒴果,种子小具柔毛。

毛白杨 *Populus tomentosa* Carr.

银白杨 *Populus alba* L.

新疆杨 *Populus alba* var. *pyramidalis* Bunge

箭杆杨 *Populus nigra* var. *thevestina* Bean.

胡杨 *Populus euphratica* Oliv.

灰胡杨 *Populus pruinosa* Schrenk

加拿大杨 *Populus canadensis* Moench.

旱柳 *Salix matsudana* Koidz

白柳 *Salix alba* L.

垂柳 *Salix babylonica* L.

馒头柳 *Salix matsudana* var. *matsudana* f. *umbraculifera* Rehd.

胡颓子科 Elasanaceae

沙枣 *Elaeagnus angustifolia* Linn.

东方沙枣 *Elaeagnus angustifolia* Linn. var. *orientalis* (Linn.) Kuntze

尖果沙枣 *Elaeagnus oxycarpa* Schlechtend.

中亚沙棘 *Hippophae rhamnoides* L. sub. *turkestanica* Rousi

石榴科 Punicaceae

石榴 *Punica granatum* L.

山茱萸科 Cornaceae

红瑞木 *Swida alba* Opiz

旋花科 Convolvulaceae

主要特征:草本或灌木;叶互生,无托叶;花两性,花冠漏斗状,子房上位,蒴果。

番薯/红薯/甘薯 *Ipomoea batatas*（L.）Lam.

空心菜/蕹菜 *Ipomoea aquatica* Forsk.

牵牛花 *Pharbitis nil*（L.）Choisy.

田旋花 *Convolvulus arvensis* L.

打碗花 *Caleystgia hederacea* Wall. ex Roxb.

菟丝子 *Cuscuta chinensis* Lam.

茄科 Solanceae

主要特征:草本或灌木;叶互生,无托叶;花两性,辐射对称,花萼宿存,合瓣花冠常分裂,雄蕊与花冠裂片同数对生,着生于花冠筒基部,子房上位,中轴胎座,胚珠多数;浆果或蒴果。

马铃薯 *Soanum tuberosum* L.

茄 *Solanum melongena* L.

龙葵 *Solanum nigrum* L.

番茄 *Lycopericon esculentum* Mill.

烟草 *Nicotiana tabacum* L.

辣椒 *Capsicum annuum* L.

曼陀罗 *Datura stramonium* L.

矮牵牛 *Petunia hybrida* Vilm.

宁夏枸杞/中宁枸杞 *Lycium barbarum* L.

黑果枸杞 *Lycium ruthenicum* Murr.

玄参科 Scrophulariaceae

主要特征:草本,少灌木或乔木;单叶对生,稀互生或轮生,无托叶;花两性,萼4～5裂,常宿存;花冠合瓣,2唇形,少辐射对称,裂片(3)4～5;雄蕊多为4,2强;子房上位,2室。果多为蒴果,少浆果。

野胡麻 *Dodartia orientalis* L.

龙胆科 Gentianaceae

美丽百金花 *Centaurium pulchellum*（Swartz）Druce

胡麻科 Pedallaceae

芝麻 *Sesamum indicum* L.

唇形科 Labiatae

主要特征：常草本；茎 4 棱；单叶对生，无托叶；花冠唇形，二强雄蕊，子房上位，2 心皮；4 小坚果。

荆芥 *Nepeta cataria* L.

薄荷 *Mentha haplocalyx* Briq.

一串红 *Saluia splendens* Ker-Gawl.

益母草 *Leonurus artemisia*（Laur.）S. Y. Hu

蜗儿菜/草石蚕/宝塔菜 *Stachys arrecta* L. H. Bailey

丹参 *Saluia miltiorrhiza* Bge.

黄芩 *Scutellaria baicalensis* Georgi.

车前科 Plantaginaceae

主要特征：草本；叶基生，叶脉多平行，不具托叶；多为穗状花序；花小，常两性，花萼草质，4 裂，宿存；花冠筒状，4 裂，膜质；雄蕊 4，稀 1～2，生于花冠筒上；子房上位，常由 2 心皮合成，2 室（有时 1～4 室），每室有 1 至数枚胚珠；果实多为蒴果。

大车前 *Plantago major* L.

平车前 *Plantago depressa* Willd.

盐生车前 *Plantago maritima* L. subsp. *ciliata* Printz.

菊科 Compositae

主要特征：草本，稀灌木，有的具乳汁；叶互生，无托叶；头状花序，基部有总苞，花两性，少有单性或中性，花萼常退化成冠毛或鳞片，花冠合瓣，具管状花和舌状花，雄蕊 5 枚为聚药雄蕊，雌蕊 2 心皮合生，子房下位；瘦果，顶端常有宿存的冠毛或鳞片。

向日葵 *Helianthus annuus* L.

菊芋/洋姜 *Helianthus tuberosus* L.

茼蒿 *Chrysanthemum coronarium* L.

莴苣 *Lactuca sativa* L.

生菜 *Lactuca sativa* L. var. *ramosa* Hort.

菊花/秋菊 *Dendranthema morifolium*（Ramat.）Tzvel.

大丽花 *Dahlia pinnata* Cav.

秋英/波斯菊 *Cosmas bipinnatus* Cav.

万寿菊 *Tagetes erecta* L.

百日菊 *Zinnia elegans* Jacq.

金盏花/金盏菊 *Calendula officinalis* L.

顶羽菊 *Acroptilon repens*（L.）Dc.

刺儿菜 *Cirsium setosum*（Willd.）MB.

藏蓟 *Cirsium lanatum*（Roxb. ex Willd.）Spreng.

蓼子朴 *Lunla salsolodides*（Turcz.）Ostenf.

花花柴 *Karelinia caspia*（Pall.）Less.

乳苣 *Lacthura tataricum*（L.）DC.

蒙古鸦葱 *Scorzonera mongolica* Maxim.

苦苣菜 *Sonchus oleraceus* L.

苣荬菜/田野苦荬菜 *Sonchus arvensis* L.

沼生苦苣菜 *Sonchus palustris* L.

蒲公英 *Taramacum mongolicum* Hand.-Mazz.

暗苞粉苞菊 *Chondrilla phaeocephala* Pupr.

北疆粉苞菊/刺苞粉苞菊 *Chondrilla lejosperma* Kar. et Kir.

新疆蓟 *Cirsium semenovii* Rgl. et Schmalh.

红花 *Carthamus tinctorius* L.

雪莲花 *Saussurea involucrate*（Kar. et Kir.）Sch.-Bip.

苍耳 *Xanthium sibirichm* Patrin ex Widder

河西菊 *Hexinia polydichotona*（Ostenf.）H. L. Yang

白叶蒿 *Artemisia leucophylla*（Turcz. ex Bess.）C. B. Clarke

荷兰菊 *Aster novi-belgii* L.

黑心金光菊 *Rudbeckia hirta* L.

芸香科 Rutaceae

主要特征：乔木、灌木，稀草本，有时具刺，含挥发油，散发香气；叶常互生，多为羽状复叶或单身复叶，具透明油腺点，无托叶；花两性，中轴胎座；柑果或蒴果。

花椒 *Zanthoxylum bungeanum* Maxim.

柠檬 *Citrus limon*（L.）Burm. f.

甜橙 *Citrus sinensis*（L.）Osb.

无患子科 Sapinaceae

荔枝 *Litchi chinensis* Sonn.

龙眼 *Euphoria longan* Lour.

壳斗科 Fagaceae

板栗 *Castanea mollissima* Bl.

单子叶植物纲 Monocotyledoneae

眼子菜科 Potamogetonaceae

篦齿眼子菜 *Potamogeton pectinatus* L.

穿叶眼子菜 *Potamogeton perfoliatus* Linn.

香蒲科 Typhaceae

水烛/毛蜡 *Typha angustifolia* L.

小香蒲 *Typha minima* Funk.

短序香蒲 *Typha gracilis* Jord.

无苞香蒲 *Typha laxmannii* Lepech.

长苞香蒲 *Typha angustata* Bory et Chaub.

水麦冬科 Juncaginaceae

水麦冬 *Triglochin palustre* L.

百合科 Liliaceae

主要特征：常为多年生草本，具根茎，鳞茎或块茎；单叶互生、对生、轮生或退化为鳞片状；茎直立或攀援，有时成为叶状枝；花两性，花被片为 6，排成 2 轮，雄蕊 6，子房上位，中轴胎座；蒴果或浆果。

黄花菜 *Hemerocallis citrina* Baroni

葱 *Allium fistulosum* L.

韭 *Allium tuberosum* Rottl. ex Spreng.

洋葱 *Allium cepa* L.

蒜 *Allium sativum* L.

文竹 *Asparagus setaceus*（Kunth.）Jessop.

西北天门冬 *Asparagus persicus* Baker

百合 *Lilim brownie* var *viridulum* Baker

石刁柏 *Asparagus officinalis* L.

山麦冬 *Liriope spicata*（Thunb.）Lour.

郁金香 *Tulipa gesneriana* L.

吊兰 *Chlorophytum comosum*（Thunb.）Baker

莎草科 Cyperaceae

主要特征：多年生或一年生草本；常有根状茎，秆实心，常三棱形，无节；叶通常 3 列，叶片狭长，有时叶片退化，仅存叶鞘，叶鞘封闭；花小，生于小穗鳞片的腋内，小穗排成各种类型花序，花无被或退化成鳞片或刚毛，子房上位；坚果。

香附子/莎草 *Cyperus rotundus* L.

荸荠 *Eleocharis dulcis*（Burm. f.）Trin.

中间型荸荠 *Heleocharis intersita* Zinserl.

荆三稜 *Scirpus yagara* Ohwi.

水葱 *Scirpus validus* Vahl

矮藨草 *Scirpus pumilus* Vahl

球穗藨草 *Scirpus strobilinus* Roxb.

禾本科 Gramineae

主要特征：茎秆多中空，节、节间明显；单叶互生，2 列，叶鞘包秆；每朵小花有内稃、外稃各 1，浆片 2，雄蕊 3 或 6，子房上位，柱头羽毛状，小花组成小穗，基部有 2 颖片；颖果。

芨芨草 *Achnatherum splendens*（Trim）Nevski

小獐茅 *Aeluropus pungens*（M. Bieb. ）C. Koch

赖草 *Leymus secalinus*（Georgi）Tzvel.

白羊草 *Bothriochloa ischaemum*（L.）Keng.

假苇拂子茅 *Calamagrostis pseudophragmites*（Hall. f.）Koel.

隐花草 *Crypsis aculeate*（L.）Ait

止血马唐 *Digitaria ischaemum*（Schreh）Schorb. ex Muhl.

稗 *Echinochloa crusgalli*（L.）Beauv.

长芒稗 *Echinochloa caudata* Roshev.

光头稗 *Echinochloa colonum*（L.）Link.

画眉草 *Eragrastis pilosa*（L.）Beauv.

紫野麦草 *Hordeum violuceum* Boiss. et Huet.

长芒棒头草 *Polyogon manspeliensis*（L.）Desf.

碱茅 *Puccinellia distans*（L.）Parl.

稻 *Oryza sativa* L.

普通小麦 *Trticum aestivum* L.

粟 *Setaria italica* Beauv. var. *germanica*（Mill.）Schrad.

甘蔗 *Saccharum officinarum* L.

早熟禾 *Poa annua* L.

玉蜀黍/玉米 *Zea mays* L.

高粱 *Sorghum bicolor*（L.）Moench

芦苇 *Phragmites australis*（Cav.）Trin. ex Steud.

狗尾草 *Seiaria viridis*（L.）Beauv.

金色狗尾草 *Setaria glauca*（L.）Beauv.

狗牙根 *Cynodon dactylon*（L.）Pers.

美人蕉科 Cannaceae

美人蕉 *Canna indica* L.

天南星科 Araceae

芋 *Colocasia esculenta*（L.）Schott

凤梨科 Bromeliaceae

凤梨/菠萝 *Ananas comosus*（Linn.）Merr

芭蕉科 Musaceae

香蕉 *Musa nana* Lour.

石蒜科 Amaryllidacea

主要特征：花常艳丽，通常两性，单生或成各式花序，具佛焰状总苞或无；花被片 6，2 轮，花瓣状，具花被筒或无；雄蕊常 6 枚；子房下位；蒴果或浆果。

水仙 *Narcissus tazetta* L. var. *chinensis* Roem.

君子兰 *Clivia miniata* Regel

剑麻 *Agave sisalana* Perr. ex Engelm.

鸢尾科 Iridaceae

马蔺 *Lactea pall* var. *chinensis*（Fish）Koidz

喜盐鸢尾 *Iris halophila* Pall.

蓝花喜盐鸢尾 *Iris halophila* var. *sogdiana*（Bge.）Grubov

鸭跖草科 Commelinaceae

紫露草 *Tradescantia rdflexa* Rafin.

兰科 Orchidaceae

主要特征：花常美丽或有香味，一般两侧对称；花被片 6，均花瓣状，外轮 3 枚称萼片，有中萼片与侧萼片之分，中央花瓣常变态而成唇瓣，唇瓣由于花序的下垂或花梗的扭转而经常处于下方即远轴的位置，基部常有囊或距；雄蕊与花柱（包括柱头）完全愈合而成一柱状体，称蕊柱。

小斑叶兰 *Goodyera repens*（L.）R. Br.

宽叶红门兰 *Orchis latifolia* L.

紫点叶红门兰 *Orchis cruenta* Muell.

附录Ⅵ 植物标本采集标签、野外记录签和定名签

1. 采集标签

4 cm

采集人：
采集号：
采地点：

年 月 日

3 cm

2. 野外记录签

采集号：	采集人：	年 月 日
采集地点：		
环境：		
经度：	纬度：	海拔：
胸高直径：		树皮：
性状：		
叶：		
花：		
果实：		
科名：	属名：	
俗名：		
附记：		

3. 定名签

种名：	科名：
鉴定人：	年 月 日

附录Ⅶ　浸制标本的制作和保存

浸制标本是用一些化学药品配制成溶液来浸泡、固定与保存植物标本，并能使其保持原有的形状和颜色，这种方法制成的标本，称浸制标本或液浸标本。多数植物肉质果实的标本均采用此法保存。

1. 一般溶液

有些花和果用于实验材料，可浸泡在 4%的福尔马林液中，也可浸泡在 70%的酒精溶液中，前者配法简单，价格便宜，但易于脱色；后者脱色虽比前法慢一些，但价格昂贵。

作切片用的材料常用 FAA 溶液，它是一种简单的固定液，配方是：福尔马林 5 mL、50%或 70%酒精 90 mL 和冰醋酸 5 mL。

2. 保色溶液

保色溶液的配方很多，但到目前为止，只有绿色较易保存，其余的颜色都不稳定。这里简单介绍几种保色溶液的配方。

(1)绿色果实的保存配方(表 1)：将材料在配方 1 中浸泡 10～20 d，取出洗净后，再浸入 4%的福尔马林中长期保存。配方 2 则是先将果实浸在饱和硫酸铜溶液中 1～3 d，取出洗净后再浸入 0.5%亚硫酸中 1～3 d，最后在配方 2 中长期保存。

表 1　绿色果实保存配方

配方 1		配方 2	
硫酸铜饱和水溶液	75 mL	亚硫酸	1 mL
福尔马林	50 mL	甘油	3 mL
水	200 mL	水	100 mL

(2)黄色果实的保存配方(表 2)：直接把要浸泡的材料浸泡于此混合液中，便可长期保存。

表 2　黄色果实保存配方

6%亚硫酸	268 mL
80%～90%酒精	568 mL
水	450 mL

(3)黄绿色果实的保存配方：先用20%的酒精浸泡果实4～5 d，当出现斑点后，再加15%亚硫酸，浸泡1 d，取出洗净，再浸入20%酒精中硬化、漂白，直到斑点消失，再加入2%～3%亚硫酸和2%甘油，即可长期保存。

(4)红色果实的保存配方(表3)：先将洗净的材料浸泡在配方1中24 h，如不发生混浊现象，即可放在配方2、配方3、配方4的混合液中长期保存。

表3　红色果实保存配方

配方1		配方2	
福尔马林	4 mL	福尔马林	15 mL
硼酸	3 g	甘油	25 mL
水	400 mL	水	1 000 mL
配方3		配方4	
亚硫酸	3 mL	硼酸	30 g
冰醋酸	1 mL	酒精	132 mL
甘油	3 mL	福尔马林	20 mL
水	100 mL	水	1 360 mL
氯化钠	50 g		

无论采用哪一种配方，在浸泡果实时，药液均不可过满，以能浸没材料为宜。浸泡后应用凡士林、桃胶或聚氯乙烯等黏合剂封口，以防止药液蒸发变干。

参考文献

[1] 李杨汉. 植物学. 上海：上海科学技术出版社，1984.

[2] 尹祖棠. 种子植物实验及实习(修订版).北京：北京师范大学出版社，1993.

[3] 冯志坚，周秀佳，马炜梁，等. 植物学野外实习手册.上海：上海教育出版社，1993.

[4] 张彪，金银根，淮虎银. 植物形态解剖学实验. 南京：东南大学出版社，2001.

[5] 何凤仙. 植物学实验. 北京：高等教育出版社，2004.

[6] 贺学礼. 植物学. 北京：高等教育出版社，2009.

[7] 贺学礼. 植物学实验实习指导. 北京：高等教育出版社，2004.

[8] 李玉平. 植物生物学实验.杨凌：西北农林科技大学出版社，2008.

[9] 赵宏. 植物学野外实习教程.北京：科学出版社，2009.

[10] 肖亚萍，田先华. 植物学野外实习手册.北京：科学出版社，2011.

[11] 王焕冲. 植物学野外实习指导.北京：高等教育出版社，2012.

[12] 关雪莲，王丽. 植物学实验指导.北京：中国农业大学出版社，2002.